일본의 스파이 전쟁

JAPAN'S SPY WARFARE

기타무라 시게루(전 일본 내각정보관 · 국가안보국장) 저
정지운 역 / 배정석 해설

박영사

베이루트에서 약 1개월간 함께 임무를 수행한 맹우(盟友) M 씨가
2022년 3월 16일 세상을 떠났다. 우리가 25년 전 공작을 마치고
귀국한 다음 날이다.

"Mission complete!" 당신의 수줍은 미소를 지금도 잊을 수 없다.

M씨를 비롯하여 국가의 존립과 국익을 위해 남몰래 헌신해 온
모든 외사경찰 요원에게 이 책을 바친다.

추천의 글

우리에게 일본은 가깝고도 먼 나라다. 먼 나라로 여겨지는 것은 우리 국민의 의식 속에 아직도 쉽게 치유되기 어려운 역사적 상처가 잔존하고 있기 때문이다. 그러나 대한민국은 19세기 말의 조선이 아니다. 피해자로서 과거 상처에만 지나치게 연연할 필요가 없는 당당한 나라로 우뚝 서 있다. 때문에 21세기 한일 양국관계는 가까운 이웃나라, 미래를 같이 가꾸어 나가는 관계로 발전해 나가고 있다. 그렇게 되어야 하는 이유는 설명이 필요없이 자명하다. 또한 이는 21세기 시대 흐름에 부합하는 역사의 순리이며 역사적 당위다.

특히 최근 들어 국가 안보적 측면에서 한일 협력관계가 강화되어야 할 필요성이 부쩍 증대되고 있다. 핵을 움켜 쥔 러시아, 중국, 북한이 뭉쳐서 동북아 정세를 더욱 고압적으로 위협하고 있기 때문이다. 한국과 일본은 공히 동북아 정세의 안정과 한반도의 평화유지에 사활적 이해관계를 지니고 있다. 때문에 이 위협에 공동으로 대처해야 할 필요성이 한일 양국 모두의 시급한 국가안보 현안으로 떠오르고 있다. 세계 상위권의 국력을 지닌 한국과 일본 두 나라의 안보협력을 통한 힘의 시너지 효과는 동북아 정세에 대한 어떤 위협에도 단단한 방화벽이 될 수 있다.

최근 이런 인식을 강화시켜 주는 좋은 책이 출간되었다. 기타무라 시게루 전 일본 국가안보국장이 쓴 '외사경찰비록'의 번역서다. 기타무라 국장은 40여 년간 정보업무에 종사한 전설적인 정보 프로다. 그는 일본 최고 대학인 동경대 법학부를 졸업했고 1980년부터 일본 경찰에 투신했으며 일본 경찰의 인재 양성 프로젝트에 따라 프랑스에서 유학했다. 프랑스 대사관에서 일등서기관으로 근무한 경력도 가지고 있다. 이처럼 그의 메인 커리어는 골수 정보맨 커리어다. 일본의 최고 방첩기구인 일본 경찰청 외사정보부에서 수십 년간 경력을 쌓은 후 외사정보부장이라는 최고 위직에 올랐고 이를 바탕으로 후에는 우리의 국정원장격인 내각정보관, 그리고 우리의 국가안보실장격인 국가안보국장을 역임했다.

이러한 입지전적 경력 배경이 그가 쓴 이 책의 가치를 더욱 돋보이게 한다.

일본은 평화헌법에 따라 자위대뿐만 아니라 정보업무도 방어적 성격인 방첩에 주력하는 정보체제를 유지하고 있다. 때문에 우리를 포함한 다른 나라처럼 통합적이고 독립적인 국가정보기구를 가지고 있지 않다. 대신 일본경찰청 외사정보부가 방첩(counter intelligence)과 대테러(counter terrorism)와 같은 국가보위업무를 담당하고 있다. 경찰 외사정보부라는 명칭 자체는 국가정보업무와 무관해 보이지만 일본 경찰 외사정보부는 치안조직이 아니라 사실상의 정보기관이다.

기타무라 국장은 이 책에서 사실상 일본의 국가정보기관인 경찰청 외사정보부에서 근무하면서 다루었던 수많은 안보 사건의 경험을 자전적으로 기술했다. 그가 다룬 주요 사건의 내용은 책의 목차에 그대로 반영되어 있다. 대부분 우리에게도 익숙한 사건이다. 요코타 메구미 가짜 유골 사건, 일본 적군과의 싸움, 옴진리교의 러시아 커넥션, 중국기업 화웨이의 위협, 북한의 불법수출 적발, 러시아 신분세탁 스파이, 푸틴의 스파이 공방, 3·11 후쿠시마 제1원전 사고 관련 미일 협력, 재일 코리안 조총련-민단 통일계획, 야마구치구미-마피아 정상회담계획, 중국 스파이의 TPP 방해계획 등 책 목차만 보아도 이 책의 질적 수준을 가늠할 수 있다. 이 책은 목차 항목에 따라 어느 스파이 소설보다도 생생하고 흥미롭고 긴장감 넘치는 스토리를 전개하고 있다. 그 스토리에는 정보관리로서 일하면서 느꼈던 저자의 고뇌와 애환도 녹아 있다. 국정원장을 역임한 나로서는 기타무라 국장의 고뇌와 애환을 있는 그대로 공유한다.

나는 재미있는 읽을거리라는 측면에서도 이 책을 읽는 독자가 결코 실망치 않으리라고 장담한다. 그러나 이 책의 가치는 단순히 재미있는 책이라는 차원을 훌쩍 뛰어 넘는다. 실제로 일어났던 사건의 사실적 기술이라는 측면에서 역사성을 갖추고 있을 뿐더러 이 책에서 다룬 안보 사안이 일본 안보에만 한정되어 있는 것이 아니기 때문이다. 특히 우리 안보에도 직간접적으로 영향을 미쳐 온 사안들이고 지금도 영향을 줄 수 있는 잠재적 현재성을 지니고 있다.

예를 들어 보자. 우리 모두 알다시피 북한 정보당국은 오랫동안 일본을 대남침투 정보기지로 활용해 왔었다. 조총련은 이를 위한 전진기지였다. 이런 조총련이 민단을 흡수하여 확대하려는 움직임은 우리 안보에 심각한 우려를 던져줄 수 있었다. 2006년에 있었던 이런 움직임을 저지한 기타무라 국장의 에피소드는 우리의 안보에도 영향을 끼친 사례로도 평가할 수 있다. 또한 이 사례는 한국과 일본이 안보 사안에 관한 한 가히 안보공동체라고 불려도 될 정도로 밀접하게 연계되어 작동하는 현실을 반영한다. 북한의 핵실험 또는 미사일 개발은 우리 안보뿐만 아니라 일본 안보에도 심각한 위협이다. 때문에 우리 국정원과 일본 정보당국과는 밀접한 정보협력관계를 오랫동안 유지해 왔다. 2015년 내가 국정원장으로 취임한 일주일 만에 기타무라 당시 내각정보관이 나를 찾아 왔다. 국정원장으로 취임하자마자 달려온 일본 정보책임자의 발 빠른 움직임은 한일 양국의 정보협력의 밀도를 상징한다. 한국과 일본 간 정보협력의 중요성은 앞으로도 지속적으로 증대될 것이다.

기타무라 국장은 이 책에서 중국과 러시아의 일본 내 정보노력을 '조용한 침략(silent invasion)'이라고 표현했다. 침략이라는 어휘를 동원할 정도로 이들의 정보노력이 심각하다는 의미다. 이 표현은 우리나라의 경우에도 그대로 적용될 수 있다. 우리 안보의 위협은 북한의 위협만이 아니다. 중국과 러시아의 노력 특히 영향력 공작이나 산업스파이 관련 위협은 사실상의 침략이다. 이런 측면에서도 이 책은 교훈적이다. 또한 우리 안보 당국이 경시할 수 없을 정도로 경고적이기도 하다.

위에서 지적한 여러 연유 때문에 나는 이 책을 많은 사람이 읽기를 바라며 적극적으로 추천한다. 평소 일본 문제에 대해 관심을 가진 일반인들뿐만 아니라 특히 안보업무에 종사하는 국정원 직원, 군인, 외교관, 경찰관, 학계 인사들이 반드시 읽어야 할 필독서라고 생각한다.

이 책은 최고의 번역서이다. 좋은 번역서는 읽기 편하다. 전문 서적의 번역은 일본어의 해독 역량 외에 해당 분야의 전문적 지식과 경험이 필수다. 이 책을 번역한 정지운 박사는 오랫동안 관련 분야에서 근무한 유능한 베테랑이다. 뿐만 아니라 '일본의 국가정보체계 변천 연구' 제하의 논문으로 박사학위를 취득했다. 한국에서는 이 책을 번역하는 데 더 이상 적합한 사람은 없다고 단언할 수 있다.

앞에서 지적한 대로 한국과 일본은 자유민주주의적 가치를 공유하는 안보공동체로 새롭게 요동치고 있는 동북아 질서위협에 공동으로 대처해야 할 입장에 있다. 이 책은 일본의 여러 안보부서가 일본의 국가안보 현안을 그간 어떻게 다루었는지 그 대처 방식과 상호작용을 현장감 있게 기술한 책이라는 측면에서 일본 국가안보체계에 대한 교과서라고도 평가할 수 있다.

이러한 가치를 지니고 있는, 우리나라의 최고 전문가가 번역한 이 소중한 책을 많은 사람이 읽게 되기를 바란다.

앞에서 지적했듯이 이제 대한민국은 국제사회에서 일본과 어깨를 나란히 할 정도로 당당한 나라가 되었다. 무엇보다 일본은 앞으로 우리나라에게 닥칠 안보위협에 대비하기 위해 협력해야 할 필수적 안보 파트너다. 우리의 국가안보이익을 위해 우리가 용일(用日)해야 할 대상이기도 하다.

과거 16세기 영국과 프랑스는 100년 전쟁을 치렀다. 제2차세계대전당시 독일과 프랑스 관계도 상호 용서할 수 없는 앙숙관계였다. 그러나현재 이들 국가는 공동 번영을 위해 과거를 극복했다. 한일 관계도 이제이런 유럽의 미래지향적 협력을 벤치마킹할 때가 되었다. 단단한 한일 협력관계는 모든 면에서 우리나라의 미래번영에 크게 도움이 될 것이다. 이는 어느 누구도 부인할 수 없는 합리적인 현실인식이다.

이 책은 우리에게 가장 중요한 이웃국가인 일본을 보다 잘 이해하고미래를 공동으로 만들어 나가는 필요성에 대한 국민적 공감대를 넓히는데 기여하게 될 것으로 확신한다. 그래서 필독을 권하고 추천한다.

역자 서문

　먼저 이 책의 이해를 돕기 위해 일본은 미국 등 서구 선진국들이나 한국처럼 통합된 형태의 국가정보기관을 보유하지 않고 있다는 점을 설명드린다. 그 대신 일본은 외사경찰이 다양한 분야에서 실질적으로 정보기관의 역할을 수행하고 있는데 이는 제2차 세계대전 패전 관련 군부와 보안정보기관에 대한 일본 국민들의 거부감, 미국의 점령정책과 세계전략, 경제발전 우선주의 등 일본의 국가전략 등이 복합적으로 반영된 결과로 보인다.

　저자인 기타무라 시게루 전 국가안보국장은 일본 경찰청 외사과장, 외사정보부장 등 외사경찰의 최고요직을 거친 후 국가정보원의 카운터 파트로 간주되는 내각정보조사실의 수장인 내각정보관에 약 8년, 국가안보실장격인 국가안보국장에 2년여 재임하는 등 전례 없이 화려하고도 전설적인 경력을 가진 인물이다. 더군다나 기타무라 국장이 당초 2011년 12월 민주당 정부에서 내각정보관으로 임명되어 2012년 12월 자민당으로 정권이 교체된 이후에도 계속해서 그 직책을 수행한 것은 본인의 탁월한 역량은 물론 아베 총리와의 각별한 인연 등이 반영되었다고 볼 수도 있겠으나 국가정보기관(과 그 수장)을 특정 정권의 도구가 아니라, 정권을 초월한 국가안보의 公器로 간주하는 일본 지도자들의 인식을 보여주는 것으로 남북이 첨예하게 대치 중인 우리에게 시사하는 바가 큰 것으로 보인다.

이러한 독특한 경력을 거친 인물이 자신의 재임 중 직접 경험한 사례 등을 생생하게 소개한 책자를 발간한 것은 일본에서도 매우 드문 경우로 2024년 6월 말 기준 3만부 이상이 판매되는 등 유사 장르 서적 중에는 호평을 받고 있다고 한다.

　'일본의 국가정보체계 변천 연구' 제하 논문으로 박사학위를 취득한 역자의 견해로는 이 책에 소개된 12개 사례가 부분적으로는 한국의 외사 경찰이나 방첩사령부, 정보사령부 등 부문 정보기관의 업무에 해당되기도 하나 대다수의 사안이 국가정보원의 업무에 해당하는 것으로 보인다.

　12개 장으로 구성된 본문은 대략 북한 문제(일본인 납치, 일본의 대북 불법수출), 일본 적군, 옴진리교, 중국의 위협(화웨이의 위협, TPP 방해공작), 러시아 스파이 적발, 미일 정보협력, 조총련의 '민단 통일계획', 일본 야쿠자-마피아 정상회담, 일본의 방첩체계 강화 노력 등으로 대별된다.

　국가정보원 홈페이지는 방첩, 대테러, 산업보안, 방위산업보호, 해외정보, 국제범죄, 사이버안보, 안보조사, 대북정보, 우주안보정보, 국가보안, 북한 이탈주민보호 등을 소관 업무로 소개하고 있는데 그 업무 범위가 본문의 12개 사례를 모두 망라하고 있음을 알 수 있다.

　남북한 대치 등 엄중한 안보환경에 처해있는 한국의 보안정보기관 요원들은 재직 중에는 물론 퇴직 후에도 업무상 지득한 비밀을 철저하게 엄수해야 하는 엄격한 직업 윤리와 법 적용을 받고 있어 이러한 부류의 책자가 국내에서 발간된 사례가 많지 않은 것으로 보인다.

　비록 이 책자가 일본의 사례를 소개한 것이긴 하나 한국의 안보와도 밀접한 관련성이 있는 사안들을 취급하고 있는데다 이 책을 빌려 간접적으로나마 우리 정보보안기관 요원들도 국가와 국민을 위해 음지에서 소리 없이 헌신하고 있다는 점을 알려야겠다는 일종의 의무

감에서 번역을 결심하였으며 독자들의 이해를 돕기 위해 원저에는 없는 해설을 추가하였다.

한일 양국은 지리적으로 가까운 이웃나라로서 자유민주주의이념과 시장경제체제의 가치를 공유하고 북한을 비롯한 공동의 위협에 직면하고 있기 때문에 비록 과거사 문제 등으로 갈등을 겪는 경우가 있더라도 공동번영을 위해서는 상호 긴밀하게 협조해야만 하는 필연적 관계에 있음은 새삼 말할 필요도 없다.

이 책 본문 중에 '위기 시에 정보(intelligence)는 무기가 된다'는 내용이 있다. 이 책을 통해 정보보안기관의 빈틈없는 정보역량이 국가와 국민의 안위와 직결된다는 점을 공감하게 된다면 더없이 고마운 일이 되겠다.

저자 서문

　외사경찰을 관장하는 경찰청 외사정보부는 2004년 4월 외사과와 국제 테러리즘대책과의 2개과 체제로 발족하였다. 경찰법에 따르면 외사정보부는 '경비 경찰에 관한 일' 중 '외국인 또는 그 활동의 본거지가 외국에 있는 일본인에 관한 것을 담당한다'고 규정되어 있다. 그렇지만 해당법 조항만을 보고 곧바로 외사경찰의 실상을 모두 이해하기는 어렵다.

　외사경찰의 정보활동과 법 집행의 중요한 측면을 예를 들어보면 방첩(Counter Intelligence, CI), 국제테러리즘 대책(Counter Terrorism, CT), 대량살상무기 관련 물자 등의 비확산(Counter Proliferation, CP) 등이 있다.

　외사경찰의 역사는 오래되었고 그 발족은 청일전쟁에서 승리한 일본이 제반 법령을 정비하고 치외법권의 완전 철폐를 달성한 1899년으로 거슬러 올라간다. 또한, 전후의 외사경찰은 경찰의 경비공안 부문의 출발보다 늦어진 수년 후 1952년 샌프란시스코 강화조약 발효로 일본의 독립이 회복되는 해에 재출발하였다. 이 하나만 봐도 외사경찰이 일본의 국가 존립 및 국익과 밀접한 불가분의 관계에 있다는 것을 쉽게 알 수 있다.

　제2차세계대전 전의 외사경찰은 국방의 일익을 담당하기 위해 적성국가의 첩보·모략 활동으로부터 일본의 권익을 수호하는 것을 주임무로 하여 1941년 '조르게 사건' 적발 등 여러 가지 빛나는 성과를 이뤄왔다.

태평양전쟁 이후 북한과 중국에서 연달아 공산주의 정권이 탄생하자 일본은 소련을 포함한 공산권 진영에 둘러싸여 동서 냉전의 최전선에 위치하게 되었다. 이런 정세에 전후 외사경찰은 방첩 법령이 정비되지 않은 상황 속에서 일반법령을 적용하여 소련·중국·북한이 관여한 스파이 사건을 다수 적발하고 각국 정보기관의 대일 유해활동(스파이 활동) 실태를 밝혀 왔다.

베를린 장벽 붕괴 후 세계 규모의 동서 갈등구도는 소멸했지만, 냉전적 대립구조가 잔존하는 한반도에서는 납치·핵·미사일 같이 일본의 안보에 직결되는 여러 현안이 존재하고 있다. 게다가 대만해협을 사이에 두고 중국과 대만의 군사적 대치가 계속되는 등 극동 정세는 여전히 긴장에 휩싸여 있는 상황이다.

2001년 9월 11일 발생한 '9·11 테러'는 전 세계에 큰 충격을 주었다. 이후 각국에서 테러대책이 강화된 결과로 '이라크 레반트 이슬람 국가(ISIL, The Islamic State of Iraq and the Levant)' 등은 최고지도자를 포함한 다수의 간부가 사망하는 등 큰 타격을 입었지만, 그 활동은 여전히 계속되고 있다.

2022년 2월 24일에 시작된 러시아의 우크라이나 침공은 우크라이나의 공고한 저항에 국제사회의 단합된 제재조치와 지원의 결과로 러시아가 큰 대가를 치르고 있다. 이 전쟁은 미중의 전략적 경쟁과 아시아에 대한 영향을 포함해 국제정세에 큰 변화를 초래하고 있는데, 이러한 상황을 '신냉전'이라고도 한다.

이렇게 크게 변모하고 있는 국제정세 속에서 외사경찰은 일본의 존립 및 국익을 수호하기 위한 임무를 은밀하게 계속 수행하고 있다.

나는 △ 1992년부터 1995년까지 주프랑스 대사관 1등서기관 △ 1995년부터 1997년까지 경찰청 경비국 외사과 및 경비기획과의 이사관 △ 2004년부터 2006년까지 외사정보부 외사과장 △ 2010년부터 2011년까지 외사정보부장 △ 2011년부터 2019년까지 내각정보관 △ 2019년부터 2021년까지 국가안전보장국장 등 20년에 걸쳐 외사경찰과 정보업무에 종사해왔다.

원래 이 분야는 기밀보호 차원에서 많은 정보를 공개하지 않는다. 이 책은 보안문제 등 매우 엄격한 제약 속에서 헤이세이(일본 연호, 1989.1.8.~2019.4.30.)의 이면사를 형성해 온 외사경찰의 진면목을 실제 몸담았던 사람의 눈을 통해 가능한 범위에서 전하기 위한 것이다.

정보업무 현장에 있을 때 오감은 맑고 예리해진다.

지금도 가끔 뇌리를 스쳐 가는 것은 프랑스 파리의 카르티에 라탱과 사람의 온기를 느끼게 해주는 학생용 싸구려 숙소, 방탄 SUV로 질주했던 이른 봄의 베카밸리, 베이루트와 달밤에 떠오르는 칠흑 같은 폐허, 동트기 전 고려호텔과 군청색 평양 시가, 남산이 내려다보는 엄동의 서울, 작열하는 방콕 시내의 극채색 교통정체, 버지니아주 매클레인에서 본 바람에 살랑이는 산뜻한 단풍, 러시아 도모데도보공항 속 회색의 VIP 대기실, 조어대 국빈관과 거대한 유리 너머로 연못이 보이는 만찬회 등……. 다양한 임무를 띠고 눈 앞에 마주했던 몇 가지 정경들이다.

목차

「요코타 메구미」
'가짜 유골' 사건

「요코타 메구미」 '가짜 유골' 사건

1980년 4월 경찰청에 들어와 2021년 7월 국가안전보장국장을 마지막으로 공무원 인생에 마침표를 찍었다. 41년여 동안 나는 어떠한 일을 해 왔는가?

경찰청 장관 부속실, 형사국·교통국 같은 부서에서 법안을 만들었고 도쿠시마현·효고현 경찰본부장으로서 시민안전을 위해 노력했으며 경시청의 젊은 서장으로서 지역의 교통안전과 방범 향상에 힘썼다. 경찰 관료로서 많은 만남을 가질 수 있었고 추억도 많다.

한편, 내 경력에는 또 다른 한 개의 축이 있다. 프랑스 유학과 대사관 파견으로 시작하여 경찰청 경비국(외사과·경비기획과·외사정보부장)을 거쳐 국가의 안전보장을 비롯한 중요 정책을 좌우하는 내각정보관·국가안전보장국장 같은 정보업무 계보다. 이러한 경험은 한 발의 총알도 쏘지 않고 한 방울의 피도 흘리지 않았지만 언제나 국가의 존립과 국익을 건 전쟁터에 있었다고 할 수 있다.

세계에는 독자적인 가치관을 바탕으로 영토나 자원·패권을 요구하며 국제질서에 도전하는 나라들—러시아·중국·북한·이란 등—이 있고 특정 정치목적을 위해 살상과 파괴를 반복하는 테러리스트가 있다. 방치할 경우 국민의 생명·신체·재산이 위협받고 기업의 인재·자산을 뺏길 수도 있다.

이러한 위협에 대해 일본은 외교(Diplomacy), 정보(Intelligence), 군사(Military), 경제(Economy) 등 네 가지 기능(DIME)을 통합해 맞서지 않으면 안 된다. 정보공동체(Intelligence Community)의 역할은 네 가지의 기능을 통합해 얻은 성과, 즉 국가전략의 입안·실행을 위한 정확한 정세인식과 정보를 총리, 내각관방장관·부장관 등 정부 수뇌부에 제공하는 것이다.

외사과장의 사상 최초 방북

정보공동체 근무 당시 막판까지 씨름했던 최대의 과제는 북한의 일본인 납치문제다.

2022년은 그 상징적 존재인「요코타 메구미」(납치 당시 13세)가 니가타 해안에서 납치된 지 45년이 되는 해이다. 북한이 납치사실을 인정하고 피해자 5명을 귀국시키게 된 제1차 일북 정상회담으로부터 20년,「메구미」부모 등 피해자 가족이 용기를 내어 조직적 구출운동에 나서기 시작한『가족회』결성 25년이 되는 해이다.

얼마 전 유럽 납치 사건의 피해자「아리모토 게이코」(납치 당시 23세)의 어머니「가요코」가 2020년 2월 94세로,「메구미」의 아버지「시게루」가 같은 해 6월 87세로 사랑하는 딸과의 재회를 못 이룬 채 사망하였다. 이 사안에 관여해 온 사람으로서 매우 안타깝고 죄송스럽게 생각하고 있다. 북한의 국가범죄 중에서도 비인도성이 두드러지는 납치문제와 관련해서 기억에 남는 임무 중 하나로 '제3차 일북 실무자 협의'를 위한 방북을 들 수 있다.

북한 측이 납치 피해자에 관한 자료를 넘겨주고 북한 내부 관계자 면담 등을 승인하게 되어, 납치 사건의 수사를 맡은 경찰이 일본 정부의 방북단으로 참가하게 되었는데 나는 외사과장으로서 그 임무를 수행하기 위해 경찰팀을 이끌고 방북하게 되었다.

중국 베이징에서 환승하는 고려항공을 타고 평양 순안국제공항에 내린 것은 2004년 11월 9일의 일이었다. 외사경찰 입장에서 북한은 오랜 기간 단속과 정보수집의 대상인 금단의 땅이었다. 그 책임자인 경찰청 외사과장이 방문한 것은 물론 처음 있는 일이다.

방북단은 외무성의「야부나카 미토지」아시아대양주국장을 단장으로 총 인원 약 20명 중 경찰팀은 7명으로 과장 예하 외사과의 북한 담당 외에 감식·정보보호 등의 부서에서 정예 요원을 모았다.

공항에서 시내 중심부로 이동하는 추운 버스 안에서 나는 북한 측에 요구할 사항을 확인하였다. 북한 측이 "사망"이라고 주장하는 피해자들에 관한 상세한 수사보고서를 출발 직전까지 뇌리에 새겨왔다. 경찰팀에는 관계자 면담에서 성과를 얻고 상대방이 제공하는 자료에 대해서는 정밀조사를 거쳐 안전하게 일본에 가지고 돌아와야 하는 중요한 역할이 부여되어 있었다. 나는 그것을 상기하면서 어깨가 무거워짐을 느꼈다.

다만 그때는 경찰의 임무가 그 후의 일북관계를 결정짓는 중요한 요인이 되리라고는 미처 생각지도 못하였다.

경찰 내부에서도 반대 목소리

방북 약 3주 전인 2004년 10월 20일 오후 4시 나는 관청가인 가스미가세키 중앙합동청사 2호관 19층에 있는 경찰청 장관실에서 「우루마 이와오」 장관(후에 내각관방 부장관)과 대면하고 있었다. 「우루마」 장관은 경찰청 외사과장·경비국장 등을 경험해서 외사경찰에 대한 이해도가 높았다. 「우루마」 장관은 큰 책상 너머에 선 채로 나에게 말을 걸었다. 이것은 뭔가 중요한 사항을 전달할 때 보이는 그만의 독특한 스타일이다.

"실무 대표단에 대한 경찰의 참가에 대해 「세가와」(경비국장)와도 의논했고 여러 가지 생각해봤는데, 담당 과장인 자네가 팀장으로 가는 게 좋을 것 같네. 「기타무라」, 수고스럽겠지만 갔다 와주겠나?"

「우루마」 장관은 외무성의 요청에 따라 내가 정부 방북단에 동행하여 북한 측으로부터 제출받은 자료의 보호와 감정을 지휘하도록 이미 결정한 상태였다. 황거(皇居)의 해자가 내려다보이는 장관실 창문에 아침부터 세차게 빗방울이 부딪히고 있었다.

나는 곧바로 출장 준비에 들어갔지만 경찰청 내부에서는 방북에 대한 의문과 반대의 목소리가 높아지고 있었다. 전국의 경찰에는 일본에 대한 유해활동과 국가 안전보장을 위협하는 외국의 범죄를 감시·단속하고 정보를 수집·분석하는 전문 부서로 외사부문이 있다. 그 외사부문을 지휘·감독하는 곳이 경찰청 외사과다. 그 수장인 외사과장이 '대상국'에 스스로 뛰어 들어간다는 것은 있을 수 없는 일이라는 것이 반대론의 중심이었다. 후배 중에는 "북한에 대한 외사업무는 외사경찰의 근간입니다. 외사과장이 북한에 간다는 것은 전국의 외사경찰에도 모범이 되지 않고 사기와도 연관됩니다. 이미 결정되었을지도 모르겠지만 저는 반대입니다." 라며 일부러 자신의 의견을 전하러 온 사람도 있었다.

그러나 납치라는 국가범죄의 피해실태를 밝혀낼 증거자료 감정이나 관계자 면담 같은 수사절차는 경찰밖에 할 수 없다. 국교가 없는 나라로 가서 정부 방침과 책임이 따르는 업무를 수행하는데 그에 상응하는 지위에 있는 사람 없이 하급 직원만 파견할 수는 없었다. 게다가 권한이 있는 자가 현장에 없다면 상대방에게 무시당할 우려도 있었다.

나는 숙연하게 임무를 수행해야 한다고 생각하였다. 다만, 협의 자체의 진전에 대해서는 외무성 관계자를 포함해 아무도 섣불리 전망할 수가 없었다.

북한 측은 직전의 실무자 협의에서 납치 피해자에 관한 자료 제출과 현지 관계자 면담 등을 용인하겠다는 취지의 전향적인 답변을 보내왔다. 일본 언론은 북한 측에 두 가지 의도가 있다고 진단하였다. 하나는 김정일 국방위원장(조선노동당 총서기)이 일본과의 협의를 진전시키는 대가로 수조 엔의 자금을 획득하는 것, 또 하나가 일본과의 국교정상화를 대미

관계 개선의 레버리지로 삼겠다는 것이었다. 어느 쪽도 틀린 이야기는 아닌 것으로 보였다.

한편, 당시 총리 관저와 외무성은 최초의 일북 정상회담으로부터 2년이나 지나는 동안 진전이 보이지 않는 일북관계를 움직여 수교협상에 들어갈 모멘텀을 되찾고 싶어 하였다. 이것은 「야부나카」단장도 기회가 있을 때마다 언급하였다. 게다가 외무성이 경찰에 현지 동행과 감정을 요청해 온 것은 수사권한이 있고 대응력이 뛰어난 경찰이 자료의 수령부터 감정 절차에 관여함으로써 그 신빙성을 뒷받침하는 것이 목적이지 않았을까?

즉, 외교 당국으로서는 증거품 등 북한 측이 내준 '성의'를 일본 정부가 받아들임에 있어 국내 여론에 타당한 근거를 보여주고 국교정상화 교섭을 시작하기 위한 우호적 여론을 조성하려 한 것이 아닐까 생각한다.

거울이 많은 고려호텔 객실의 수수께끼

순안공항을 출발한 버스는 30분 정도 지나 숙박장소와 회의장을 겸한 고려호텔에 도착하였다. 고려호텔은 당시 평양에서 가장 현대적인 설비를 갖추고 있었다.

프런트를 빠져나와 객실이 있는 21층을 향하는 도중에 갑자기 엘리베이터가 멈추고 문이 열렸다. 거기에는 조명이 전혀 없는 암흑의 공간이 펼쳐져 있었다.

도착한 객실의 비품이나 인테리어는 파친코 가게와 같은 사치스런 느낌을 주었는데 정중한 응대와 대비되어 약간의 위화감을 느꼈다.

도착 이후 경찰팀은 예의 차원에서 경찰 예식에서 말하는 머리를 숙이는 '실내 경례'는 했지만 상대방 누구와도 악수는 하지 않았다. 첫날 밤에 열린 환영만찬회도 사양하였다. 참석한 경찰팀 전원에게 이를 철저히 이행하도록 하였다. 외교 프로토콜로 움직이는 외무성과 범죄수사를 위해 움직이는 경찰의 조직문화 차이에서 오는 것일지도 모르지만, 이러한 조치는 외사경찰의 입장에서 대해야 하는 상대방을 의식한 판단이었다.

도착 첫날 일북 양쪽의 움직임에 대해 수첩에는 "정태화 대사가 주최하는 일본 대표단 환영연회에 경찰청 관계자는 방북 목적을 감안하여 불참토록 한다.", "협의 과정에 「야부나카」 단장에게 보고했고 단장 및 북한 측은 양해"라고 기재되어 있다.

우리는 도청 등 북한 측의 정보활동에 대해서 세심한 주의를 기울였다. 혼자 행동하지 않는다는 원칙을 철저히 주지시키고 2명이 같은 방을 쓰게 하였다. 이를 보고 동행한 외무성 직원이 "경찰은 한방을 쓰는 걸 좋아하나요?"라는 묘한 질문을 했지만……. 나는 더욱 철저를 기하기 위해 경찰팀 요원으로 하여금 상황실에서 24시간 대기하도록 하였다.

우리에게 할당된 객실은 아무리 봐도 거울이 많았다. 동행한 감식담당 직원이 방의 내벽과 외벽 두께를 재어 보니 한 사람이 들어갈 수 있을 정도의 공간이 존재하였다. 그리고 호텔에 의뢰한 세탁물은 의뢰한 사람이 사용한 침대 위에 확실하게 놓여 있었다. 어떻게 호텔 측이 누가 어느 침대에서 자는지를 알 수 있었는지 지금도 모르겠다.

의사와 간호사 면담

외교 당국의 일북 정부 간 협의 후 일북 실무자 협의는 도착 다음 날인 2004년 11월 10일 오전 11시 고려호텔 연회장에 마련된 회의실에서 시작되었다. 중앙을 마주 보는 형태로 배치된 테이블 양쪽에 7명~8명씩 앉았다. 나와 동행한 경찰청 외사과 직원 총 3명은 테이블 중앙 부근에 착석하였다.

우선 오후 1시까지 총론·조사에 관한 방법론을 논의하는 세션이 있었고 휴식 후 오후 2시부터 우리가 북한의 '조사위원회'에 건넨 의문점에 대해서 상대방이 개별로 답변을 시작하였다. '조사위원회'에 제시한 질문은 북한 측이 "사망"이라고 응답한 「요코타 메구미」 등 8명의 소식과 "입국한 사실이 확인되지 않는다."라고 주장하는 4명의 피해자에 관한 것이었다.

「요코타 메구미」에 대한 물증으로 사진과 북한에서 사용한 신분증명서·자필 메모쪽지 등을 요구하였다. 이것들은 지문이나 사진·문서를 통해 본인과의 동일성을 확정하기 위해 필요하였다. 그리고 DNA 감정 등을 통한 동일성 감정에 쓴다는 취지로 「메구미」의 전 남편으로 알려진 김철준 혹은 「메구미」가 입원했다던 『49호 예방원』이 보관하고 있을 '「메구미」의 유골'이라는 것도 요구하였다. 또한 당시 「메구미」의 생활 상황과 건강상태를 파악하기 위해 김철준 본인, 혹은 입원했던 『695병원』의 의사 또는 북한 측이 주장하는 「메구미」의 '자살' 직전 산책에 동행하던 『49호 예방원』의 의사와 간호사, 매장에 관여한 자들에 대한 직접 면담도 요청하였다.

「요도호」 멤버와 「KYC」

우리는 피해상황 수사를 통해 납치가 북한 특수기관의 계획적·조직적 범행이었다고 보고 다음과 같은 의문점도 추가로 제시하였다. 먼저 유럽에서 납치된 남녀 3명의 피해자인 「이시오카 도루」(납치 당시 22세), 북한에서 「이시오카」와 결혼했다고 여겨지는 「아리모토」, 그리고 「마쓰키 가오루」(당시 26세) 등 세 사람에 대한 것이었다.

경찰의 최대 관심사는 특수기관 '조선노동당 대외연락부 56과'의 부과장이자 공작원인 김유철(통칭 「KYC」)의 지시를 받아 「이시오카」 등 3명을 납치한 것으로 보이는 공산주의자동맹 적군파 「요도호」 그룹과의 연관성이었다.

북한 측은 인정하지 않지만 「아리모토」는 영국 유학 중 덴마크의 코펜하겐을 여행했을 당시 「요도호」 그룹인 「우오모토(아베) 기미히로」와 중식당에서 회식했다는 증언이 있었다. 우리는 「요도호」 멤버 전처의 증언을 여러 각도에서 검증한 결과 진실성이 높다고 판단하고 있었다. 게다가 제3국 정보기관이 「아리모토」의 소식이 끊기기 직전에 그가 코펜하겐 카스트롭공항에서 「KYC」와 함께 있는 장면을 촬영한 사진이 있었다. 「아리모토」는 모스크바를 경유해 북한에 끌려간 것이 판명되었고 북한 기관의 관여와 「요도호」 그룹의 암약도 명백하였다.

「이시오카」는 졸업여행 도중 스페인 바르셀로나에 들렀을 때 「요도호」 멤버의 아내와 함께 행동하고 있었다. 바르셀로나 동물원에서 「이시오카」의 동행자가 「요도호」 멤버의 아내와 「이시오카」가 같이 있는 스냅사진을 찍었다. 이런 증거가 많이 존재하는데도 불구하고 북한은 「요도호」 그룹의 관여를 일절 인정하지 않고 있는 것이었다.

우리가 제시한 의문점에 대해 북한 측은 거의 답변을 주지 않았다. 예를 들면 「다구치 야에코」(납치 당시 22세)에 관해 "우리(북한)의 안보관 점도 있으니 앞으로는 생각해서 질문해주기 바란다."라고 답해왔다. 불편한 것은 일절 묻지 말라는 의미일 것이었다.

납치 직전의 「다구치」 씨의 경로가 판명되지 않았기 때문에 납치 실행자와 함께 도쿄를 출발해 배에 태운 것으로 보이는 미야자키까지의 이동 경로·수단의 규명은 필수였다. 그러나 일본 국내에서 납치·국외이송 행위를 보조한 사람에 대한 상세한 정보는 전혀 얻어낼 수 없었다. 게다가 「다구치」가 북한에서 납치 피해자 「하라 다다아키」(납치 당시 43세)와 같은 초대소에서 생활했었다는 북한 측의 설명은 우리쪽의 정보와 차이가 있었다. 또 「다구치」가 일본어를 가르치는 등 접점이 있었다고 알려진 KAL기 폭파 사건 실행범 김현희 공작원과의 관계도 일절 언급하지 않았다.

여러 가지 의문점에 대해 북한이 보낸 답변에서는 "특수기관이 한 일이라 상세한 것은 조사할 수가 없다."라는 내용이 많았다. 조직개편 등으로 조사가 매우 곤란하게 되었다는 변명을 반복할 뿐이었다.

북한은 납치문제와 관련해서 어떤 피해자는 귀국시키고 어떤 피해자는 "사망", "미입국"이라고 설명하면서 납치 자체를 인정하지 않는 등 이해하기 힘든 점이 많았다. 그중에서도 큰 의문은 목적을 속이고 북한에 데려온 사실은 인정하면서도 「요도호」 사건이나 KAL기 폭파 사건 같은 '테러' 실행범의 관여를 일절 인정하지 않는 것이었다. 테러리스트가 관여한 것이 되면 북한은 테러지원국의 실태가 덧씌워져 국제사회와 미국이 시행하는 추가제재의 근거가 될 가능성이 있었기 때문일 것이다.

이러한 북한 측의 '눈물겨운 노력'은 2008년 10월 11일 미국이 북한을 테러지원국 지정에서 해제하는 결실을 맺게 된다.

최대의 위협은 미군

협의는 난항을 겪었다. 시간은 순식간에 지났고 일본 측이 북한에 요청하여 기간을 당초 예정된 일정에서 이틀 연장하였다. 협의는 모두 60시간 가까이 진행됐다. 북한은 일본의 조사 요구사항에 대해 당시 『695병원』·『49호예방원』 및 초대소에 근무했던 사람 등 관계자에 대한 직접 면담을 용인하였다. 북한 같은 폐쇄국가가 용케도 받아줬다고 생각했지만 반대로 말하면 당시 김정일 정권이 그만큼 납치문제를 '해결'하고 싶었다는 뜻일 것이다. 북한이 그렇게 생각하게 된 배경 중 하나는 대미관계를 포함한 당시 국제환경이 있었다.

2001년 9월 '9·11 테러' 때문에 미국의「조지 W. 부시」대통령은 이듬해 1월 일반교서 연설에서 이란·이라크 외에 북한을 지목하고 '악의 축'이라고 비판했는데, 그 하나인 이라크는 2003년 3월부터 시작된 이라크전쟁에서 미군의 공격으로「사담 후세인」정권이 붕괴하였다. 김정일 정권은 이 일련의 경위에 자신의 운명을 비추어보지 않았을까? '제3차 일북 실무자 협의'는 '악의 축' 연설로부터 3년 가까이 경과했지만 북한은 여전히 미군의 존재를 자국의 존속에 대한 가장 큰 위협으로 인식하고 있었다.

협의 과정에서 북한은 자신들의 조사 결과에 대한 주장을 양보하지 않았다. "8명 사망, 4명 미입국"이라는 답변을 반복, 논의는 평행선을 달렸다. 「야부나카」단장은 굳은 표정으로 회담 전망에 대해 어려움을 토로했다. 그런 소모전의 막판에「야부나카」단장이 북한 측의 호출을 받은 후 화장절차를 거친 인골로 보이는 것을 가지고 돌아왔다. 우리가 북한 측에 요구해왔던 '「메구미」의 유골'이었다.

국교정상화 교섭을 시작할 것인가 말 것인가. 북한은 공을 일본 쪽으로 넘길 작정이었을 것이다.

「요코타」 부부에 대한 보고

대표단이 귀국한 것은 2004년 11월 15일. 오전 9시 전에 평양을 출발한 전세기는 11시 전 보슬비가 내리는 하네다공항에 착륙하였다. 받은 자료를 신속하고 안전하게, 그리고 원상태 그대로 운반하기 위해 전세기 편으로 귀국하게 되었다.

당일 TV 뉴스에서는 기내로부터 자료 등이 담긴 운반함 7개가 실려 나가는 실황 영상과 함께 아나운서가 "외무성 간부가, '납치 피해자의 안부에 관한 좋은 정보는 없다'고 말했다."라고 보도하고 있었다.

「마치무라」 외무대신은 결과 보고를 받은 후 기자단에게 "지난 2차(일북 실무자 협의)에 비하면 그들(북한) 나름의 노력은 있었다."라고 발언했다. 북한 관계를 어떻게든 진전시키고 싶어하는 일본 측의 한 가닥 기대를 엿볼 수 있었다.

나는 바로 경찰청에 돌아와 오후 1시 「우루마」 장관에게 보고를 마치고 오후 3시에 「야부나카」 단장, 경시청 감식요원 등과 함께 「요코타」 부부 면담에 임하였다. 기묘하게도 그날은 바로 27년 전 「메구미」가 납치된 날이다. 이때 「요코타」 부부의 모습은 아직도 잊을 수가 없다.

「야부나카」 단장으로부터 실무자 협의 결과에 대한 대략적인 설명이 끝나자 조사에 동행한 감식요원이 나전칠기를 테이블에 정중히 내려놓았다. 그것을 앞에 두고 「시게루」(「메구미」의 아버지)가 눈물을 글썽이며 말없이 앉아 있었다. 먼저 침묵을 깬 것은 「사키에」(「메구미」의 어머니)였다.

"「메구미」는 살아 있으니까 이건 경찰 쪽에서 확실히 조사해 주세요."

「사키에」는 의연하게 그렇게 말하고 '유골'을 감정하는 것을 승낙해 주었다. 감상적이지도 않고 담담한 모습이었다. 그것은 딸의 생존에 대한 확고한 신념의 발로이기도 하였다.

두 곳에서 '유골'을 감정

「요코타」부부 면담을 마치고 「고이즈미」총리, 「호소다」관방장관에게도 보고 후 곧바로 북한에서 가져온 자료를 바탕으로 수사에 착수하였다. 물론 최우선은 나전칠기에 들어있는 '유골'을 감정하는 것이었다. 나는 이 「메구미」의 '유골'에 대해 예단하지 않고 '과학의 손'에 맡기려 생각하였다.

2004년 11월 18일 외무성도 참가, '유골'의 판별을 끝내자 다음날 19일에는 형사절차에 착수하였다. 「요코타」부부를 만나 다시 한번 관련 사항을 전하였다. 실무를 담당한 니가타현경은 곧바로 압류 허가장을 발부받고 이를 압류하였다.

유골감정에서 첫 번째 중요 과정은 '유골' 중에서 감정에 적합한 검체를 선정하는 것이었다. 다음 날인 19일 오후 4시 경찰청 16층 대회의실에서 니가타 현경은 물론 외사과원과 과학경찰연구소(과경연) 직원들이 모인 상태에서 작업이 시작되었다.

담당관들이 솜씨 좋게 장방형 책상을 방 중앙에 붙여 큰 작업대를 만들고 종이를 깔았다. 모두가 방호복·마스크를 착용하고 외사과 요원들이 지켜보는 가운데 과경연 직원이 자개함에서 유골을 꺼내 테이블 위에 놓았다. 직원들은 고무장갑을 낀 손끝으로 뼛조각을 눈높이까지 들어 올려 세밀하게 관찰하고 DNA 흔적이 있거나 어느 정도 질량이 있는 뼛조 각을 골라 나갔다. 최종적으로 DNA 검출이 가장 기대되는 10조각을 골라 5조각씩 2개조로 나누었다.

같은 달 21일에는 감정처분 허가장을 발부받아 내용물을 과학적으로 분석하기 위한 준비를 갖추게 되었다.

DNA 감정 의뢰처에 대해서는 당초부터 과경연과 그 외의 기관 등 두 곳으로 결정할 방침이었다. 객관성과 공정성을 담보하기 위해서다. 과학 경찰의 최고봉인 과경연에서 얻은 결과에 또 한 곳의 감정기관 결과가 보완되면 좋겠다고 생각하고 있었다. 과경연 이외의 감정 위탁처는 당시 경시청이 미세 자료에 대한 DNA 감정을 위탁, 눈부신 성과를 거두고 있던 데이쿄대학교 법의학연구실로 하였다.

DNA형은 불일치

2004년 12월 8일 과경연과 데이쿄대에 위탁한 감정결과가 다 나왔다. 과경연은 '판정 불능', 데이쿄대 법의학연구실은 「요시이 도미오」 교수가 검출에 성공하였다. 「요시이」 교수가 사용한 방법은 '네스티드 PCR법'으 로 불리는 것으로 DNA를 증폭하는 PCR(폴리메라아제 연쇄반응) 검사기법 의 하나인데 코로나19 확산 때문에 널리 알려지게 된 'PCR 검사'와 같은 원리를 사용하는 것이다.

뼛조각 5개 중 4개에서 동일한 DNA형이 검출되고 나머지 한 개에서는 다른 DNA형이 검출되었으나 어느 것도 「메구미」의 DNA형과는 일치하 지 않았다.

이 결과를 오전 중에 「우루마」 장관까지 보고하고 정오부터는 「세가와」

경비국장과 함께 총리관저의 「후타하시 마사히로」 내각관방 부장관에 보고하였다. 감정결과는 모든 언론이 예의주시하는 사안이어서 취재 경쟁이 과도할 정도로 열기를 띠고 있었다. 그 때문에 정보의 보안유지를 고려하여 「후타하시」 부장관을 총리관저 맞은 편의 내각부 별실로 오도록 하였다. 거기에는 이미 방북단장인 「야부나카」 국장과 「사이키 아키타카」 외무성 아시아대양주국 심의관 등이 있었다.

"북한 측 제공 검체에서 채취한 DNA는 「메구미」의 것과는 일치하지 않았다."

「세가와」 국장이 천천히 결과를 말하자 「후타바시」 부장관의 표정이 확연하게 험악해져 갔다. 「야부나카」 국장과 「사이키」 심의관은 그 자리에서 바로 관저에 보고할 예상 질의답변을 작성하기 시작하였다.

이후 '가짜 유골'은 북한에 대한 분노가 되었고 일본의 정치·외교·사회에 커다란 파장을 일으키게 되었다.

피해자 귀국으로 가속화된 수사

외사경찰의 최고 간부가 직접 북한에 들어가기로 한 '제3차 일북 실무자 협의'라는 이례적인 전개의 애초 발단은 2002년 9월 17일 제1차 일북 정상회담이었다.

북한 김정일 국방위원장이 「고이즈미」 총리에게 일본인 납치를 인정·사죄하고, 두 정상은 납치문제 해결과 일제강점기의 과거 청산 및 일북 국교정상화 교섭 시작 등이 담긴 '일북 평양선언'에 서명하였다. 「하시모토 가오루」 부부를 포함한 납치 피해자 5명이 귀국한 것은 그러한 외교의 성과임에 틀림없다.

2004년 5월 22일에는 제2차 일북 정상회담이 추진되어 북한에 남겨져 있던 피해자의 자녀 등 가족 5명의 귀국이 이루어졌지만, 북한 측이 "사망"이라고 응답한「요코다 메구미」등 8명의 소식과 입국 사실을 확인할 수 없다고 하는 4명의 피해자에 대해서는 조사가 진전되지 않은 채였다.

일북의 외교적 교착을 뒤로한 채 납치 사건의 수사는 정상회담 이후 가속화되고 있었다. 피해자가 귀국함으로써 납치 당시부터 귀국까지의 피해상황에 대해 직접 면담이 가능하게 되었기 때문이다.

귀국한 5명으로부터 얻은 정보를 바탕으로「지무라 야스시」와「후키에」부부를 납치한 혐의로 신광수를,「하스이케 가오루」와「유키코」부부를 납치한 혐의로 통칭 최순철 등 3명을, 또「소가 히토미」와 어머니인「미요시」를 납치한 혐의로 통칭 김명숙을 각각의 사진 및 초상화와 함께 국제수배할 수 있었다. 용의자는 모두 북한 공작원이며 북한에 잠복해 있는 것으로 보였다.

북한이 납치를 인정한 것은 일본의 정치와 사회에도 큰 변화를 가져왔다. 지금은 생각할 수 없는 일이지만 북한이 납치를 인정할 때까지 일본 내에는 "북한이 납치를 할 이유가 없다.", "납치는 공안경찰의 모략이다."라는 견해가 공공연히 존재했고 무조건 북한을 옹호하는 듯한 분위기도 일부 있었다. 북한이 스스로 납치를 인정함으로써 그런 주장을 하거나 인식을 가졌던 일부 정치인과 언론은 종전의 입장을 유지할 수 없게 되었다.

여론도 정치도 움직이지 않는다

일본인 실종에 대해 경찰청이 '북한에 의한 납치'라고 명확히 인식하는 결정적 사건은 1978년에 도야마현 다카오카시의 아마하라시 해안에서 일어난 아베크(남녀 커플) 납치미수 사건이었다. 수상한 복장을 한 실행범이 목격된 것과 재갈 같은 유류품에 대한 한국 측 조회와 수법 분석 등 수사정보를 종합해 사건 판단에 이르렀다.

이 일련의 아베크 실종 사건에 대해 일본 정부와 경찰 당국이 북한의 관여를 처음으로 공식 인정한 것은 1988년 3월 26일이다. 이날 참의원 예산위원회에서 공산당의 「하시모토 아쓰시」 참의원이 1978년 여름 2개월간 연달아 발생한 네 커플 납치 및 납치미수 사건에 관한 견해와 인식을 「가지야마 세이로쿠」 국가공안위원회 위원장에게 물었다.

이에 대해 「가지야마」 위원장은 이렇게 답하였다.

"쇼와 53년(1978년) 이래 일련의 아베크 실종은 북한에 의한 납치 가능성이 다분히 농후합니다. (후략)"

게다가 경찰청 「기우치 야스미쓰」 경비국장이 "일련의 사건에 대해서는 북한에 의한 납치 혐의가 있고 이미 그런 관점에서 수사를 하고 있습니다. (중략) 용의자가 국외로 도주해 있는 경우에 시효는 정지한다는 것이 법에 규정되어 있습니다."라고 보충 설명하였다.

개별 수사부터 시작하여 하나하나 풀어나가야 하는 어려움이 있었지만 앞에 기술한 아마하라시 사건으로부터 약 10년이나 지났다.

이 국회 질의는 니혼게이자이신문과 산케이신문이 1단짜리 제목의 평범한 기사로 전했을 뿐 여론이 비등하지 않는 사안에 정치가 움직이지는 않았다.

일본인이 북한에 납치된 의혹에 관해서는 답변 2개월 전인 1988년 1월 대한항공기 폭파 사건 실행범인 김현희 공작원의 교육담당이었던 이은혜가 일본인 납치 피해자였을 가능성이 부상했다. 또, 같은 해 9월에는 유럽 납치 사건의 피해자 「이시오카 도루」로부터 본가에 "「마쓰키 가오루」가 「아리모토 게이코」와 평양에 있다."라는 내용의 편지가 도착했다. 나중에 수사를 해본 결과 이 편지는 북한에 체재하고 있던 폴란드인이 「이시오카」의 부탁을 받아 귀국 후에 보낸 것으로 판명되었다.

대북 화해무드가 지배하고 있었다

납치 사건에 대해 국회에서 각료와 경찰 책임자가 이를 확인해준 시기를 전후하여 일본인이 납치되었다는 것을 보여 주는 몇 가지 구체적인 정보가 있었지만 수사가 본격화되지는 않았다. 북한의 국가범죄 추궁은 당시 일본 정계를 지배하던 분위기에 역행하는 것이지 않을까 생각한다.

「가지야마」 위원장 답변 4개월 후 한국의 노태우 정권이 북한과의 화해를 모색하여 '7·7선언'을 단행하였다. 일본에도 대북 '화해' 흐름에 늦지 않게 편승하려는 분위기가 제고되면서 정계를 중심으로 북한과의 국교정상화 대망론이 터져 나오기 시작했다.

1989년 7월에는 「도이 다카코」·「간 나오토」 두 의원이 한국에 수감되어 있던 간첩 신광수의 석방을 요구하는 요망서를 한국에 보냈고 1990년 9월에는 자민·사회 양당이 이른바 '가네마루 방북단'을 결성해서 방북했다. 이는 당시 일본의 정치·사회에 존재하고 있었던 친북 분위기의 한 예에 지나지 않았다.

우리 경찰에 대해서는 어떤가. 납치문제를 막지 못한 것이나 사건 수사가 진척되지 않는 것에 대하여 비판을 받을 때가 있다. 이것에 대해서는 결코 변명할 생각이 없다. 다만 경찰청이 일본에 대한 북한의 불법적인 입출국이나 정보수집 또는 기타 범죄적발에 소극적이었던 적은 없다. 그러나 몇 가지 문제가 있었던 것은 사실이다. 뭐니 뭐니 해도 스파이를 비롯해 일본의 국익을 심각하게 침해하는 범죄에 대해 적절한 양형으로 처벌하는 법률이 없다는 것인데 이 문제는 지금까지 몇 번이나 미국 당국자와의 협의에서도 거론되어 왔다. 미국에서는 사형·종신형·수십 년의 징역형이 선고되지만 일본에서 북한 스파이는 거의 대부분 경미한 형벌에 그친다. 일본의 법제를 설명하면 미국 측은 이구동성으로 "귀국에서는 왜 이런 흉악한 스파이들이 석방되는가?"라고 경악하며 의아한 표정을 지었다. 예를 들면, 경찰청이 공식 인정해 온 1950년부터 1981년까지의 북한 스파이 사건 42건에 한하여도 적용죄명은 '출입국관리령 위반' 등 경미한 죄로 집행유예가 되는 경우가 많다.

납치는 관심사가 아니었다

경찰청 경비국이 발행하는 책자 『초점 163호』(1965년 12월 15일 발행)에서는 일본에서 암약하는 북한 스파이의 실태를 상세하게 밝히고 있다. 북한 스파이가 국내에서 다른 사람으로 탈바꿈하는 '신분세탁'을 통해 각종 공작활동을 해 온 실태도 상당히 규명되어 공개하였다. 그 책자 표지에는 '본지에 게재된 기사는 자유롭게 사용하세요.'라고 쓰여 있다. 이는 당시 일본에서 북한의 납치 사안을 포함하는 위법행위가 애초부터 관심사가 되지 못했다는 것을 보여주는 것이다. 현재와 비교하면 국민의식이나 정계의 상식에 있어서 격세지감을 금할 수 없지만, 당시로서는 국민에 대한 정보 발신·계도에도 나름대로 고심하고 있었던 것이다.

2002년 납치 피해자 귀국은 일본인들에게 동포가 귀국할 수 있었던 것에 대한 안도와 기쁨을 주는 한편 '납치 사건의 무도함'이나 '북한이라는 국가의 비정상성'을 각인시키게 되었다. 국민 대다수가 지금은 "왜 납치됐는가?", "왜 귀국시키지 못하는가?"라는 의문을 품고 있을 것이다.

정치·여론의 변화는 납치 사건 수사의 진전과 북한의 대일 유해활동 적발에 긍정적 요인으로 간주될 수 있었다. 그리고 핵·미사일의 고도화라는 위기에 직면해서야 겨우 국가도 국민도 경계감을 높이게 되었다. 그러나 '특정비밀의 보호에 관한 법률(이하 특정비밀보호법)'을 「아베」 내각에서 힘들게 통과시켰지만 대일 유해활동(스파이 활동)을 직접 처벌하는 법률은 아직 제정하려는 움직임조차 없다.

해설 1 일본인 납치는 북한 대남공작의 일환

북한이 일본인을 납치한 것은 대남공작과 깊이 관련되어 있다. 북한은 냉전 종식 후 1992년 한중 수교로 중국을 통한 우회 침투가 가능해지기 전에는 남한 침투를 위해 한국 출입국이 원활하고, 친북 집단인 조총련의 지원을 받을 수 있는 일본 우회 침투로를 주로 활용하였다. 따라서 공작원 대상 현지화 교육 및 신분 위장 등을 위한 목적으로 일본인들을 납치할 필요가 있었던 것이다.

1987년 11월 29일 대한항공 858기가 미얀마 벵골만 상공에서 폭파되어 승무원과 승객 115명이 사망하였는데, 범인인 북한 공작원 김승일과 김현희는 각각 하치야 신이치, 하치야 마유미로 부녀지간인 것처럼 위장하고 있었다. 사건 발생 직후 두바이에 출장 중이던 안기부 쿠웨이트 파견관이 테러사건임을 감지하고 경유 승객의 신원확인을 아부다비 한국 대사관에 요청, 대사관은 바레인에 머물던 그들의 신원확인을 일본 대사관에 요청하였고, 일본 외무성이 12월 1일 새벽 마유미의 여권이 가짜임을 통보, 공항을 빠져 나가려던 그들에 대해 일본 대사관 스나카와 사무관이 바레인 경찰에 검문을 요청하여 체포할 수 있었다. 한일 간 신속한 정보공조가 없었다면 불가능한 일이었다. 한편 김현희는 납북자인 다구치 야에코로부터 일본어를 배웠다고 진술한 바도 있다.

역사상 최고위급(당서열 19위) 간첩으로 10년 이상 국내에 암약하다 1990년 10월 강화도에서 반잠수정을 타고 북한으로 무사히 복귀한 이선실도 재일교포 신순녀로 신분을 위장하였다. 그녀는 1974년 일본에 침투하여 6년간 합법 신분을 구축하면서 한국에 출입국하다가 1980년 3월 재일교포 영주귀국자 신분으로 국내에 정착한 후 3개의 간첩망 및 직파 간첩 10명을 지휘하면서 민중당 창당 공작 등 정치공작을 수행하였다.

북한은 공작원들의 이남화 교육을 위해 한국인들도 많이 납치하였는데, 한국전쟁 당시의 국군포로를 제외하더라도 전후 한국에서 납북된 인원은 516명(일본인 납북자는 17명)에 달하며, 이들 중에는 납북된 어선, 항공기 승무원들뿐 아니라 1971년 홍콩에서 납치된 영화배우 최은희와 신상옥 감독처럼 유명 인사들도 있고, 1977년 선유도와 홍도 해수욕장에서 납북된 고등학생들까지 포함되어 있다. 특히 선유도에서 납북된 김영남(당시 16세)은 북한에서 일본인 납북 피해자인 요코타 메구미와 결혼한 것으로 밝혀지기도 했다.

제2장

「일본 적군」과의
싸움

「일본 적군」과의 싸움

「'시게노부 후사코」 생환 환영회'. 내 수중에 이런 행사를 고지하는 전단지가 있다.

2022년 5월 28일 형기를 만료하고 출소한 「시게노부 후사코」는 일본 외사경찰이 오랫동안 많은 역량을 동원하여 추적하였음에도 불구하고 아직도 멤버 일부가 도주 상태인 국제 테러조직 「일본 적군」의 최고 간부를 지낸 인물이다. 중동 등을 거점으로 장기간 잠복해 있었지만 2000년 11월 극비 입국, 다른 사람의 눈을 피해 임시 거처하고 있던 오사카에서 체포되어 복역하였다. 나의 관료 인생에도 적잖은 영향을 끼친 잊지 못할 존재다.

교도통신에 따르면 「시게노부」는 복역 중 후원자에게 보낸 편지에서 출소 후의 생활에 대해 "사죄와 감사, 재활과 투병의 나날을 보내면서 호기심을 가지고 즐겁게 살려고 생각하고 있다"라며 후원자들과의 재회를 바라는 모습이었다고 한다.

앞서 말한 환영회 전단지는 1972년 「일본 적군」 조직원들이 이스라엘의 공항에서 일으킨 테러(상세한 내용은 뒷부분 참조)에 대해, 팔레스타인의 '해방 투쟁'이라고 정당화하면서 「시게노부」는 '원죄(冤罪, 억울한 죄)'라고 주장하고 있다. 「시게노부」는 '사죄'의 의향을 보였지만 그녀와 같은 가치관을 가진 사람들에게 환영받고 사회에 복귀하게 되었다.

「일본 적군」은 어떤 조직이었을까?

경찰청 공개자료는 《마르크스·레닌주의에 기초한 일본 혁명과 세계 공산주의화의 실현을 목적으로 국내에서 경찰서 습격, 은행 강도, 다수의 사상자를 낸 연쇄 기업폭파 사건 등 흉악한 범죄를 저지른 과격파 그룹의 일파가 '국제근거지론'을 내세워 해외에 혁명 근거지를 찾아 탈출한 뒤 결성된 국제테러조직》이라고 설명하고 있다.(경찰청 『초점』 제269호

「경비경찰 50년」 제2장)

　　「일본 적군」은 테러를 일으켜 체포된 동료를 새로운 '탈환 테러'를 통해 석방시켜 다른 테러에 합류시키려고 했던 희한한 흉악 범죄 집단이다. 일본 경찰은 오랫동안 그 와해를 목표로 세계 구석구석까지 추적해 왔지만, 나에게는 정보관으로서 그 길에 발을 들여놓는 계기이기도 하였다.

프랑스 유학 내정 통보

　　현재 도쿄 가스미가세키 중앙합동청사 2호관이 위치한 장소에는 과거 5층짜리 청사가 있었다. 간토대지진급의 지진에도 견딜 수 있는 철골 철근·콘크리트 구조로 1933년에 준공된 건물이다. 태평양전쟁 중에는 내무성 청사로 사용되었고 전후 GHQ(연합국군 최고사령관 총사령부, General Headquarters)에 의해 내무성이 해체된 후에는 경찰청 등이 입주해 있었다.

　　1982년 7월 나는 그 청사 4층에 있는 인사과 사무실에서 후에 경시총감이 되는 「오쿠무라 마스오」 과장보좌로부터 프랑스 유학 내정통보를 받았다.

　　"「기타무라」, 유학을 목표로 한다면 영어보다 프랑스어를 하는 것이 어떻겠나? 요즘은 프랑스어 수요가 많으니까."

　　그런 권유에 따라 프랑스어를 배운 결과였다. 당시 경찰생활 3년차 젊은이였던 나는 고색창연한 청사에서 서류 작업에 몰두하고 있었다. 「오쿠무라」 과장보좌의 통보를 듣고, 외국 생활에 대한 기대감으로 그저 기뻤던 것을 기억한다. 하지만 나를 프랑스로 보내려고 하는 경찰청에는

「일본 적군」이나 「요도호」 그룹처럼 일본이 직면해 있던 국제 테러 조직과 싸우기 위해 정보관을 한 사람 더 전열에 보강시키는 함의가 있었다고 생각한다. 내가 그것을 이해하는 것은 나중이 되어서의 일이다.

1970년 3월 31일 「적군파」 학생들 9명이 하네다발 후쿠오카행 일항기를 납치하여 승객·승무원 총 129명을 태운 채 북한으로 향할 것을 요구한다. 후쿠오카공항과 한국 김포공항에서 인질을 조금씩 석방하고 4월 3일에 북한으로 갔다. 사건은 '국제근거지' 구상에 근거한 범행이었다. 나중에 범행 그룹의 학생들은 탈취한 일본항공 351편 기체의 호칭을 따서 적군파 「요도호」 그룹이라고 불리게 된다.

9명이 북한으로 건너간 지 꼭 1년 후인 1971년 「시게노부」 최고 간부 등이 레바논으로 건너가 「적군파 아랍지구위원회」를 결성했는데 이는 「적군파」의 또 다른 국제테러조직으로 나중에 「일본 적군(JRA, Japanese Red Army)」이라고 불리게 되었다.

자국발 테러 조직이 해외에서 일으키는 흉악한 테러 사건을 수사하는 일본의 외사경찰은 「일본 적군」의 등장으로 인해 새로운 영역에 발을 들일 수밖에 없게 된 것이었다.

공포의 테러 조직으로

그리고 1972년 5월 30일 「오카모토 고조」 등 3명이 이스라엘 텔아비브의 로드국제공항에서 총을 난사하고 수류탄을 투척하여 사망자 24명을 포함해 100명을 살상하는 '텔아비브 로드공항 사건'을 일으켰다. 공범 2명은 현장에서 자폭하는 등 사망하고 「오카모토」는 이스라엘 당국에 체포돼 복역했으나, 나중에 팔레스타인 무장단체와의 포로교환으로 석방되고 레바논 등 반이스라엘 중동 국가들에서 사실상의 보호 아래 놓이게 되었다. 「JRA의」 '데뷔전'이라고 할 수 있는 이 테러는 일본 외사경찰에게는 「일본 적군」과의 오랜 싸움의 시초가 되었다.

「일본 적군」은 「팔레스타인 해방 인민전선」(PFLP, Popular Front for the Liberation of Palestine)과의 공동작전을 감행하는 등 과거 일본 경찰이 대처해 온 테러 조직과는 스케일이 달랐다. 리비아 벵가지공항에서 기체를 착륙시켜 폭파(두바이 사건)하는 등 그 사건의 흉악성·충격성에서 「JRA」는 공포의 테러조직으로서 세계에 그 이름을 떨치게 되었다.

「일본 적군」이 그 이전의 범죄조직과 근본적으로 다른 점을 꼽는다면, 다른 사건으로 이미 구속된 멤버와 사상적으로 테러 성향을 가진 범죄자를 '동지'로 여기고 그들을 탈환하기 위해 또 다른 테러를 일으키는 것이었다. '두바이 사건' 등 하이재킹 사건, 주네덜란드 프랑스대사관을 점거한 '헤이그 사건', 주말레이시아 미국대사관 등을 점거한 '쿠알라룸푸르 사건'은 모두 '탈환' 테러였다.

1977년 9월에는 일항기를 납치하여 인질을 잡고 일본에서 수감·구류 중인 「일본 적군」 간부 등 9명의 신병 석방과 몸값 600만 달러를 요구하는 '다카 사건'이 발생했다. 일본 정부는 요구에 굴복해 '초법적 조치' 명분으로 흉악범 6명을 풀어주었다.

내가 경찰에 들어오기 전 일어난 사건이긴 하지만 경찰 당국으로서 뼈아픈 사태였던 것은 틀림없다.

테러리스트를 해외까지 추적하다

테러의 흉악화·국제화에 따라 일본 경찰도 손을 놓고 있을 수만은 없었다.

그때까지 경찰청에서는 「일본 적군」이 국내 과격파를 모체로 한 탓에 극좌 폭력집단 대책을 공안 제3과에서 담당하고 있었다. 하지만 이 '다카 사건'을 계기로 1977년 12월 공안 제3과 내에 경시정(총경급)을 수장으로 하는 통칭 '조사관실'이 설치되고 소관 사무에 국내에서의 「일본 적군」 지원조직 실태규명 및 수사 총괄·지휘 이외에 '해외에서의 동향파악'과 '각국 치안기관과의 연락조정'이 더해졌다. 다시 말해, 일본의 외사경찰이 해외에서 테러리스트를 추적·검거하고 조직 와해를 목표로 삼아 현지의 치안·정보기관을 카운터파트로 삼게 된 것이었다. 아직 초보적인 단계였지만 국제적으로 기능하는 조직을 만들어야만 했고 이에 필요한 정보관 육성이 급선무였다.

1977년까지의 테러 사건은 유럽과 아랍 지역을 중심으로 일어나고 있었다. 그중에서도 「일본 적군」이 잠복하고 있는 곳으로 북서 아프리카의 마그레브 지역과 동부 지중해 연안의 레반트 지역이 상정되어 있었고 그곳의 통용언어는 아랍어를 제외하면 영어보다도 오히려 프랑스어였다.

물론 조사관실에는 영어에 능통한 해외요원도 있었지만, 경찰의 정보부문은 현지 사정과 정보에 정통한 전문관으로서 프랑스어 요원을 키우는 쪽으로 기울고 있었다.

이러한 사정으로 1970년대에 경찰에 들어온 사람들 중 후에 경찰청장관과 국회의원이 되는 등 저명한 선배들이 프랑스로 유학을 갔다. 프

랑스어권에서의 대테러 정보활동의 중요성이 경찰청 내에 강하게 부각
되던 시기에 내가 경찰청에 들어간 것이다. 나는 프랑스 유학을 가게 된
것도 그런 배경이 있고 해서 어차피 조사관실로 배치될 것이라고 막연히
생각하게 되었다. 결국 인사 사정으로 이뤄지지 않았지만 지금 생각해보
면 프랑스 유학과 주프랑스 대사관 근무, 외사과 이사관(차석), 외사과장,
외사정보부장, 내각정보관, 국가안보국장에 이르는 40년 공직자 생활의
기본 뼈대인 '정보업무의 계보'는 유학 때 정해져 있었을지도 모른다.

「다나카 요시미」를 둘러싼 공방

1995년 3월 주프랑스 대사관 근무 후 귀국하자 외사과 차석인 이사
관직을 명받았다. 당시의 경비국장은 주프랑스 대사관 근무 경험자인
「스기타 가즈히로」(후에 내각관방 부장관)였다. 또한 당시의 과장은 주미국
대사관 근무 경험이 있는「고바야시 다케히토」(후에 경비국장)였고 그 후「
요네무라 도시로」(후에 경시총감·내각위기관리감)에게 인계되었다.

당시 외사과 이사관인 나에게 주어진 역할은 ① 해외에서 당국에 체
포·구속된 수배범의 신병 인수 ② 현지 당국과의 협력 하에 수배범의 소
재나 동정에 관한 정보 수집·분석 ③ 잠복 가능성이 있는 제3국과 수배
범, 후원자의 적발·검거에 필요한 정보교환이었다. 통상 외사과 차석으
로서의 소관을 넘어 특명사항을 위임받은 것은 나를 경비국으로 돌려보
낸「스기타」경비국장의 지휘 때문이었다. 또한 당시 경찰청 경비국에서
는 '탈환' 테러로 법을 위반해 출국한 자들을 추적해 꼭 검거한다는 기본
인식이 무엇보다 철저하였다.

그런 경비국 내의 분위기 속에서 나는 국제수배범이 구속되거나 경로가 판명되는 중요한 정보가 입수되면 곧바로 해외로 출발할 준비를 갖추고 있었다.

실제로 수많은 해외 현장을 밟아왔지만 그중에서도 외사과 보임 1년 후에 발생한 1996년의 '「다나카 요시미」 체포'는 최초의 해외활동 사례로 추억이 깊다.

사건의 발단은 북한 외교번호를 단 차량이 캄보디아의 국경 검문소를 지나 베트남 쪽으로 빠져나가려 한 것이었다. 타고 있던 3명의 남자 중 1명의 여권이 가짜임이 드러나 추궁한 결과, 위폐 관련 혐의로 태국 경찰 당국으로부터 국제수배 중인 인물로 판명되어 태국 측에 인도되었다.

이 제1보는 1996년 3월 25일 오후 경찰청에서 주태국 일본 대사관으로 파견되어 있던 「쓰루야 아키노리」 1등서기관(후에 긴키관구 경찰 국장)으로부터도 입수되었다. 이 남자의 정체는 「요도호」 그룹 안에서도 동향이 가장 수수께끼에 싸였던 「다나카 요시미」였다. 경비국 안은 활기를 띠었다.

다음 날인 26일 오전 8시부터 주일 미국대사관 치안 관계자와 회의를 하였는데 체포된 인물이 「다나카 요시미」일 가능성이 높은 것으로 밝혀졌다. 또 이 자는 「김일수」 명의의 북한 여권 외에 일본·중국·홍콩의 위조여권을 소지한 것으로 드러났다.

「요도호」 그룹은 당시 일본산 '세븐스타(담배)'의 위조품 판매 등에도 손을 댄 것으로 보였고 미국 측은 북한 외화벌이 공작원으로 간주하고 있었다.

"일본으로 신병을 이송하라"

태국으로 출발을 하루 앞둔 1996년 3월 27일 경찰청 외사과장실에서 「요네무라」과장으로부터 이런 지시를 받았다.

"「다나카 요시미」가 위조 달러 소지 혐의로 태국 당국에 잡혀있는 것 같다. 수사권이 태국·미국·일본에 있지만 일본의 수배혐의는 가장 중요한 하이재킹 범죄다. 반드시 「다나카」의 신병을 신속하게 일본으로 이송하도록 관계당국과 교섭해 달라."

이에 따라 조속교섭 방침을 내 나름대로 정리하였다.

가장 먼저 손을 댄 것이 교섭상대였다. 태국 관계당국에는 경찰·출입국관리 당국·검찰·국가정보국(NIA, National Intelligence Agency) 및 국가안전보장회의(NSC, National Security Council) 등이 상정되었다. 또한 이번 수사에 직접 관여했다고 하는 미국 비밀경호국(SS, Secret Service)과의 교섭도 불가피하였다.

다음으로 신병인도 형태였다. 「다나카」의 신병을 국외추방(deportation)으로 할지, 합의에 의한 신병인도(extradition)로 할지 양국 간 교섭을 통해 조율할 필요가 있었다.

셋째로 「다나카」가 캄보디아에서 태국으로 이송된 경위를 밝힐 필요가 있었다. 캄보디아가 여전히 주권 행사의 여지를 갖고 있다면 이야기는 더욱 복잡해졌다(나중에 캄보디아는 국외추방 조치를 취했던 것이 밝혀졌다).

마지막이 미국 연방법이 태국에 적용될 가능성과 태국과의 범죄인 인도 조약 유무였다.

이러한 교섭방침에 근거하여 출발 당일인 같은 달 28일 오전 10시부터 최고검찰청에서 법무·검찰 당국과 협의 후 오후 2시부터 외무성에서 외무·법무·경찰 등 관계부처 회의가 열려 방침을 확인하였다.

한편, 사전 정보에 의하면 교섭 전망은 매우 안 좋았다. 미국은 이 사건을 통화고권(通貨高權, 통화발행을 국가·정부가 독점하는 제도) 침해 관점에서 주시하고 있었다. SS는 이 사건 수사에 본국에서 온 특별수사관을 포함하여 약 200명을 동원하였다. 북한이 이전보다 정교한 위조 달러 지폐(슈퍼K)를 제조·유통, 판매까지 한다는 정보가 있었다. 말할 필요도 없이 통화 위조는 통화의 신용성을 훼손하는 중죄이기 때문에, 미국은 북한이 국가적 의도를 가지고 슈퍼K 제조부터 유통까지 조직적으로 실행한다고 보고 수사를 하고 있었다.

나의 파견이 결정된 시점에는 "캄보디아 국경 근처인 태국 국내에 위폐 공장이 있다."라는 정보도 있었기 때문에 태국 경찰이 자국 내 범죄수사를 우선시할 것이라고 쉽게 추측할 수 있었다.

게다가 캄보디아는 북한과 전통적으로 우호 관계에 있고 미국과 태국은 동맹국이다. 각국의 방침·체면, 관할권과 신병처리를 둘러싸고 조정이 난항을 겪을 것으로 예상되었다.

이렇듯 「다나카」의 신병인도를 받을 수 있는 확실한 전망도 서지 않았지만 40도 가까운 더운 날씨가 기다리는 태국으로 출발하였다.

같은 달 29일 심야 0시 15분에 방콕에 도착하자 바쁜 시간이 시작되었다. 연일 이른 아침부터 태국 관계당국 및 현지 SS 대표자와의 협의, 외교전문 작성, 태국 당국에 대한 외교문서 작성 등……. 매일 뒤바뀌는 교섭의 내용과 함께 이러한 번거로운 절차가 반복되었다.

당초 태국 당국은 「다나카」의 신병을 출국 절차에 따라 일본에 조기 인도하는 방향으로 기울어 있었다. 그러나, 같은 달 30일 협의에서 미국 측이 「다나카」의 신병인도 요구를 철회한다고 표명한 시점에서 태국 당국 역시 독자적인 국내수사 우선으로 방향을 틀었다. 이로써 일본의 신병인도 교섭은 원점으로 돌아가게 되었다.

어디까지나 추측이지만 이 단계에서 미국과 태국 당국 간에 미국이 「다나카」의 신병인도를 단념하는 대신 태국 당국이 슈퍼K에 대한 수사를 계속하면서 전면적으로 미국 당국에 협조하겠다는 합의가 형성된 것은 아닌가 생각된다. 압수된 슈퍼K 등 증거물의 소재 등을 종합하면 어떤 의미에서 합리적인 결정이기도 하였다.

"미스터 「시게루」인가?"

　　「다나카」의 신병 조기 인도가 암초에 걸린 1996년 4월 2일 방콕 리젠트호텔 방에서 지금까지의 교섭경위 등을 종합해 향후 방침을 짜고 있을 때였다. 문을 노크하는 소리가 들렸다. 도어스코프를 들여다보니 그곳에 백인 남성이 서 있었다.

　　"미스터 「시게루」인가?"

　　문을 열자 남자는 아닌 밤중에 홍두깨 격으로 갑자기 물어왔다. 성과 이름을 반대로 알고 있는 것이 마음에 걸렸지만 그것보다 어떻게 이름을 알고 있는 건가? 외사과 직원의 출장과 관련된 목적지나 일정, 접촉대상자 같은 것은 보안사항이다. 하물며 숙소의 객실 호수 등이 외부인에게 알려지는 것은 더욱 용인될 수 없었다.

　　나를 찾아온 목적은 무엇인가?

　　"미국 재무부 비밀경호국 파견대표(the head of delegation) 「마이클 빗커스」(가명) 특별수사관(SA, Special Agent)"이라고 자신을 소개하며 "「다나카 요시미」 사건 관련 협의를 하고 싶다."라고 말을 꺼냈다.

　　당시 경찰청에서 주미 대사관으로 파견 나간 「요시다 나오마사」 1등 서기관(후에 경시총감)에게 국제전화로 미국 측의 움직임을 들어보니, 사건 발생 직후 미국은 「요시다」 서기관을 통해 경찰청으로 태국에 파견된 담당관들의 이름과 숙소 정보를 문의한 것을 알게 되었다.

같은 달 4일 오후 1시 반부터 미일 수사당국 간에 본국에서 파견된 책임자 협의가 처음으로 열렸다. 지금 생각해 보면 동맹국인 미일 당국의 파견대표들이 태국에 도착한 첫날 만나지 않았다는 것 자체가 이례적인 것이었다.

짐작건대 '「다나카」의 신병을 미일 중 어느 쪽이 확보할 것인가.'라는 수사기관 간에 있을 수 있는 경쟁의식이 이런 사태를 초래했을 것이다. 사실 나는 이 시점에서도 아직 미국 측이 「다나카」의 신병인도를 재차 요구해올까 봐 몹시 불안해하고 있었다. 그런데 회의 내용은 아주 신사적인 것이었다. 미국 측의 요구사항은 미국 영사의 「다나카」에 대한 면담과 일본 측에 대한 정보협력 의뢰뿐이었다.

태국 당국이 슈퍼K에 대한 수사를 당분간 계속한다, 미국은 「다나카」의 신병인도를 요구하지 않는다, 일본은 태국 당국의 수사종결을 기다리면서 「다나카」의 신병을 인도받는다. 이 시점에서 이 사건에 대한 세 나라의 방침이 사실상 결정되었다고 볼 수 있었다.

국제적인 테러 네트워크

「다나카」는 태국 파타야에서 발견된 대량의 위조 달러 지폐를 소지·사용한 혐의로 태국 검찰당국에 기소되었지만 재판에서는 미국 위조지폐 관련 혐의는 무죄가 확정되었다(동행자 2명은 위조 달러 사건에서 유죄 판결).

우여곡절을 거친 협상 끝에 결국 태국 정부는 국내 사법절차를 마친 2000년 6월 「다나카」를 일본에 인도하게 된다.

이처럼 파란만장한 외사과 이사관(차석) 근무가 시작된 '1995년'은 어떤 의미를 가지고 있는 해였던가? 그것은 1989년 베를린 장벽의 붕괴와 1991년 소련 붕괴로 생긴 '포스트 냉전' 사태를 세계가 실감하기 시작한 해가 아니었던가.

「클레어 스털링」이 1981년 저술한 『테러 네트워크: 국제테러조직의 비밀전쟁(Henry Holt & Company 발간)』에서 적시했던 것이 나중에 입증된 모양새가 된 것이다. 이 책은 과장이 많다는 평가도 받았지만, 「일본 적군」과 「독일 적군」을 포함해 국제적인 '테러 네트워크'가 어느 정도 존재하고 동구권 당국의 묵인하에 활동했을 것이라는 인식은 나도 다소 타당하다고 생각한다.

경찰청 공안 제3과 조사관실(나중의 외사 제2과, 외사과 국제 테러리즘 대책실) 요원들–내부에서는 그들을 '적군 헌터'라 불렀다–도 같은 인식이었다. 냉전 종결기에 '적군 헌터'들의 프랑스 출장은 매우 빈번하였다. 목적은 그때까지 접촉하지 않던 옛 동구권 국가나 기관과의 관계 구축이었다.

1990년대에 「일본 적군」과 「요도호」 그룹 멤버의 체포가 잇따른 배경에는 냉전구조의 붕괴로 소련의 속박이 해제되고 동구권 국가들이 서방에 협력적으로 대응하기 시작한 요인도 있었다.

그것은 국제 테러 수사에 있어서 1990년대의 조류였다.

'베이루트 5'의 일제 검거

1995년 3월 루마니아에서 「에키다 유키코」의 검거는 그 하나의 결과라고 할 수 있다.

3월 20일 옴진리교가 도쿄의 지하철에서 사린을 살포한 당일의 일이었다. 경찰청은 외사과를 포함한 총력체제로 대응하고 있었다. 사린사건 대책실에 있던 나는 저녁 무렵 '「에키다」 체포' 1보를 받자 외사과로 급히 돌아와 즉시 「에키다」의 신병 인수, 즉 「에키다 공작」의 실무를 맡게 되었다.

「에키다」는 1974년 10월의 『미쓰이물산』 폭파 사건에 관여하여 체포된 『동아시아 반일 무장전선 '대지의 송곳니'』 멤버. 이미 언급한 '다카 사건'에서 「일본 적군」의 요구로 석방된 「에키다」는 그대로 행방을 감추었다. 1995년 3월 20일, 일본계 페루인으로 위장해 루마니아에 입국하던 「에키다」가 체포되었다. 그 후 루마니아에서 국외추방되었고, 경시청이 수배 끝에 일본행 항공기 내에서 체포하였다. 2004년 징역 20년 판결이 확정되고 2017년에 출소하였다.

「에키다 공작」으로부터 약 2년이 지난 후인 1997년 2월에는 중동 레바논에서 국제수배 중인 「일본 적군」 멤버 5명(「와코 하루오」, 「아다치 마사오」, 「야마모토 마리코」, 「도히라 가즈오」, 「오카모토 고조」. 외사경찰에서는 '베이루트 파이브'로 불린다)이 일제히 검거되었다. 5명 중에는 1972년 '텔아비브 로드공항 사건' 실행범 중 생존자인 「오카모토」가 포함되어 있었다.

당시 경비국의 상황을 좀 설명하겠다.

1996년 12월 17일 발생 후 교착상태에 있었던 주페루 일본 대사관저 점거 사건의 대응이 한창일 때였다. 당연히 외사과 국제 테러리즘 대책실(공안 제3과 조사관실 및 외사 제2과의 후신이자 현 외사정보부 국제 테러 대책과의 전신)의 주력 멤버들은「오리타 야스노리」실장(후에 규슈관구 경찰국장)을 포함해서 모두가 리마 현지 대책본부에서 대기하고 있었다. "레바논에서 잠복 중인「일본 적군」5명 일제 검거"라는 제1보가 들어왔을 때 경비국은 그런 상황에 놓여 있었다.

"당장 베이루트로 가주게"

1보를 보고한 사람은 주레바논 대사관에 파견되어 있던「세이 다모쓰」영사 겸 1등서기관(후에 시즈오카현경 경비부장)이었다.

나는「요네무라」외사과장과 국제 테러리즘 대책실의 회의실에 있었다. 지난해 외사과에서 경비기획과 이사관(차석)으로 이동, 국(局) 전체의 서무적인 사무를 맡고 있었지만 그 당시는 당분간 페루 사건 대응을 지원하고 있었는데,「요네무라」과장 눈에는 그 모습이 한가하게 보였는지 나에게 이렇게 말하였다.

"「기타무라」,「스기타」국장께는 내가 양해를 구할 테니 당장 베이루트로 가 주게. 여기 있는 마음에 드는 사람들 데려가도 괜찮으니까."

무엇을 하라는 말인가……. 그러나 말하지 않는 것이 좋았다. 최정예 요원 3명을 데려간 것은 말할 것도 없었다.

1997년 2월 15일 나리타를 떠나 16일 새벽 현지에 도착했다.

같은 달 18일 검거뉴스가 일본에 보도되자 우리는 연일 취재진에 쫓기게 된다. 그중에서도 특히 아랍 언론의 관심이 지대했고 아랍 세계의 관심도 높아지게 되었다.

한편, 은밀 행동이 원칙인 외사과 국제 테러리즘 대책실의 '적군 헌터'와 나는 선글라스를 쓴 얼굴이 전 세계에 노출되었다. 레바논 당국자들이 동행했지만 상황에 따라 나중에 테러의 목표물이 될 수 있다는 걱정도 생겼다.

'베이루트 5'의 신병인도에는 몇 가지 장애가 있었다. 그중 가장 큰 문제는 일본 인도에 대해 레바논 정부 내에서 의견이 일치되지 않았다는 것이었다. 레바논에는 18개 종파가 존재하는데 대통령은 기독교 마론파, 총리는 이슬람교 수니파, 국회의장은 이슬람교 시아파, 이런 식으로 각 종파에 정치 권력이 분배되어 왔다. 또한 이웃나라 시리아는 1990년의 레바논 내전 종결 후에도 약 14,000명의 군부대를 주둔시키며 실질적으로 레바논을 지배해 왔다.

'아랍의 대의' 구현자

당시 「라피크 하리리」 총리는 내전 종결 후의 경제부흥을 목표로 일본과의 경제관계를 중시했는데, 그것이 5명의 체포로 이어졌다. 이 총리는 2005년 암살당했는데 그 배후에도 시리아의 영향력이 있었다고 한다.

이러한 사실로 추측할 수 있듯이 레바논 정부 내의 친시리아 세력과 주레바논 시리아 군사정보부장 「가지 캐넌」(후에 시리아 내무장관, 2005년 자살)은 당초 미국의 동맹국인 일본으로 '베이루트 5'를 이송하는 것에 반대했다.

우리가 레바논에 머무는 동안 NHK가 '베이루트 5'가 시리아로 이송된다고 보도하기도 했지만 그것은 친시리아 세력의 의향을 반영한 것으로 보였다. 그런 의미에서 당시의 「하시모토 류타로」 내각이 1997년 3월 2일부터 5일까지 예전에 「스기타」 경비국장과 주프랑스 대사관에서 외정(外政)반장으로서 같이 근무하던 「히라바야시 히로시」 내각관방 겸 총리부 외정심의실장(후에 주프랑스 특명전권대사)을 레바논과 시리아에 파견하여 '베이루트 5' 일본 인도 관련 외교적 레버리지를 가능하게 한 것은 향후 해결에 효과적이었다.

「일본 적군」은 1975년 '쿠알라룸푸르 사건'에서 주말레이시아 미국 대사관을 점거한 것 외에도 「오카모토」의 '로드공항 난사 사건'으로 발생한 피해자의 약 80%가 미국 국적자(미국 자치령인 푸에르토리코에서 순례 목적으로 방문)라는 경위가 있어, 미국은 '베이루트 5'에 엄격한 입장을 취해왔다. 또한 미일 양국은 레바논에 대해 테러리스트들을 넘겨주도록 압력을 가하는 한편, 테러리스트에 대한 비호를 그만두면 경제협력 용의가 있다는 '당근과 채찍'의 자세를 취해왔다.

'베이루트 5' 체포의 배경에는 그동안 압도적인 영향력을 행사해 온 시리아가 레바논의 경제협력 획득을 위한 정책전환을 어느 정도 허용한 것으로 볼 수 있었다. 하지만 시리아는 또 하나의 분명한 생각을 가지고 있었다. 그것은 말하자면 이스라엘의 공항을 공격하여 '아랍의 대의' 구현자가 된 「오카모토」는 다른 4명과는 다르게 예외적인 취급을 해야 하며 절대로 지켜줘야 한다는 것이었다. 미국과 대립하는 시리아로서는 미국의 압력에 전면적으로 굴복하는 모양새로 '아랍의 대의'를 굽히는 것은 곤란해 보였다.

일본에서는 레바논이 '자국의 법률 위반 혐의가 확정되는 대로 국외추방 형태를 취하겠다.'는 식으로 '5명이 신속하게 인도될 것'처럼 보도되고 있었지만 베이루트 체류 한 달이 지나도 전망은 어두웠다. 신병인도 교섭 상대인 「아드난 아둠」 검찰총장(후에 법무장관)에게 "아랍의 대의를 중시하는 귀국의 입장은 존중한다."라고 에둘러 언급하여, 상대의 입장을 배려하면서도 일본 측의 강력한 의사를 표시하였다.

그래도 즉각적인 국외추방까지는 이르지 못하고 '5명'은 레바논에서 재판을 받게 되었다. 인도가 실현되는 것은 복역 기간이 끝나는 3년 후 2000년 3월이다.

'아랍의 대의' 구현자인 「오카모토」의 인도는 결국 실현되지 않았다.

국익을 건 국가 간 싸움

이처럼 1990년대 후반 태국과 레바논에서 「적군파」 멤버 및 관계자의 신병인도 교섭에 임하면서 "「기타무라」가 인도 교섭에서 당장 귀환할 일은 없겠네." 라는 야유를 받기도 하였다.

테러리스트 신병인도 협상은 일본의 '법과 정의'를 대변해 이를 상대국에게 제대로 전달하는 것이 가장 중요하다는 것은 말할 필요도 없었다. 하지만 거기에는 종종 상대국이나 밀접하게 관련된 제3국, 더 나아가서는 일본의 동맹국의 이해가 복잡하게 얽힌다. 다시 말하면 서로 다른 이해에 입각한 국익의 싸움터이기도 하다.

'베이루트 5'의 신병인도 공작에서 최종적으로 「오카모토」는 돌아오지 않았지만, 3년의 세월을 거쳐 4명의 신병을 인도받았고 그들이 일본의 법에 의해 재판을 받게 된 것은 수사관으로서 하나의 보람이다.

더욱이 국가와 국가가 국익을 걸고 격돌하는 교섭의 현장에서 경험했던 일들이 그 후 내각정보관과 국가안보국장 임무 수행에도 도움이 되었다.

한국에서 일본 적군파가 널리 알려진 것은 요도호 납치 사건 때문이다. 요도호 납치 사건은 1970년 3월 31일 일본의 적군파 조직원 9명이 승객 122명과 승무원 7명을 태우고 동경 하네다 국제공항을 출발해 후쿠오카로 향하던 일본항공(JAL) 소속 보잉 727 여객기를 납치해 북한으로 망명한 일본 최초의 항공기 공중 납치 사건을 말하는데, 북한으로 가는 도중 한국 김포공항에 중간 착륙하였다. 납치범들은 하네다 공항 이륙 후 조종사들을 위협하여 평양으로 갈 것을 요구하였는데, 조종사가 기지를 발휘하여 국내선이라 연료가 부족하다고 말하여 후쿠오카에 착륙하게 되었다. 노약자 23명을 내려주고 다시 평양을 향해 이륙하였는데, 일본 교통성의 연락을 받은 한국 정부가 김포공항 관제탑을 통해 항공기와 연락하여 평양이 아닌 김포공항에 착륙시켰다. 한국군이 북한군 복장으로 위장하고 '평양 도착 환영'이라는 현수막까지 걸었으나 곧 눈치를 챈 납치범들과 대치가 시작되었다. 납치범들과 사흘간의 교섭 끝에 한국 정부는 무력 진압을 주장했지만 승객의 안전을 우려한 일본 정부의 반대로, 결국 사건 해결을 위해 급파된 일본 운수성 정무차관 야마무라 신지로를 인질로 태우고 승객들은 내려놓는 조건으로 합의가 이루어져 요도호는 4월 3일 평양으로 넘어갔고, 이후 나머지 인질과 항공기는 일본으로 복귀하였다.

김포공항으로 착륙을 유도한 기만 공작은 실패하였으나, 결과적으로는 테러범들이 불리한 위치에서 사흘간의 협상을 해야 했고, 그에 따라 승객 전원 석방이라는 양보를 얻어냄으로써 소수의 인질만 평양으로 넘어가도록 한 것은 향후 협상에서의 큰 부담을 덜어 준 것으로서 나름 성공적이었다고 평가할 수 있다. 이후 범인 9명 중 2명은 일본과 태국에서 체포되어 일본에서 형을 살았으며, 2021년 기준 4명이 북한에 생존 중인 것으로 알려졌다.

* 당시 일본은 항공기에 고유한 이름을 붙였는데, 해당 기종(보잉 727)에는 강 이름을 명명했으며, '요도'는 일본의 강 이름이다. 이 사건 이후 이러한 관행도 사라졌다.

제3장

옴진리교
'러시아 커넥션'

옴진리교 '러시아 커넥션'

2022년 2월 24일 시작된 러시아의 우크라이나 침공에 대해 인상적이었던 것은 "러시아는 우크라이나에 전면 침공하지 않을 것이다."라고 하던 대부분의 일본 학자·전문가의 예측이 빗나갔다는 것이다.

외국의 전략 시나리오를 예측하기는 어렵지만, 정보적 관점에서 보면 이들의 예측은 '미러 이미징(거울 효과)'의 덫에 빠진 결과라 할 수 있다. 우리는 한 국가나 개인이 중요한 전략적 판단을 할 때 "상대 또한 자국이나 자신처럼 생각하고 행동할 것이다."라는 사고방식에 근거한 예측을 하기 쉽다.

그렇기 때문에 외사경찰은 러시아·중국·북한 같은 위협이 될 수 있는 나라들에 대해 모든 가능성을 배제하지 않고 주시하면서 그 동향 분석을 게을리해서는 안 되는 것이다.

1995년 옴진리교에 의한 일련의 사건에 대해 당시 외사경찰은 교단의 배후에 러시아의 국가적 관여가 있지 않을까라는 시각에서 혐의 규명을 하고 있었다. 같은 해 3월 20일 아침 옴진리교는 도쿄의 지하철에서 사린을 사용한 대규모 테러를 자행하였다. 당시 경찰청 외사과 이사관이었던 나도 테러의 대상이 된 지하철 노선 이용자였다.

서둘러 출근하자 이미 경찰청 전체가 사린 사건에 대응하고 있었는데, 저녁 무렵 국제 테러 관련 새로운 뉴스가 들어왔다.

120회 이상 러시아 방문 기록

1974년 10월의 『미쓰이물산』 폭파 사건으로 체포된 『동아시아 반일 무장전선 '대지의 송곳니'』 멤버로 「일본 적군」의 '다카 사건'으로 석방되었던 「에키다 유키코」가 루마니아에서 체포되었다는 1보였다.

섭외(대외연락 및 교섭)·조정 담당이었던 나는 사린 사건 대책실을 일단 떠나 검찰청과의 조정·협의에 임하였다. 우리는 「에키다」의 소재를 파악하면서 일정 기간 루마니아 당국과 업무를 계속해 왔지만 해당 정보 활동은 외부로 알려져서는 안 될 일이었다.

검찰과의 협의는 경찰이 언제부터 「에키다」 검거 사실을 알고 있었는지가 쟁점이 되어 옥신각신하면서 날짜를 넘기고 있었다. 젊은 혈기의 소치로 "그렇게 마음에 들지 않으면 검찰의 판단과 책임으로 「에키다」를 석방해버리면 될 것 아닌가."라고 큰소리로 몰아세웠던 기억이 있다. 나에게 있어서 '3월 20일'은 그렇게 긴 하루가 되었다.

며칠 후 직속 상사인 「고바야시 다케히토」 외사과장으로부터 "옴진리교의 실태 규명, 특히 러시아와의 관계에 초점을 맞추도록 하라!"라는 지시를 받았다. 「고바야시」 과장은 옴진리교가 「아사하라 쇼코」를 국가원수로 세운 사이비국가 건설을 목표로 국가전복을 기도하고 있는 것과 교단 간부가 러시아 방문을 반복하고 있던 점 등에 착안해 경비공안경찰이 전면에 나서야 한다고 강하게 인식하고 있었다.

옴진리교는 화학무기를 사용한 쿠데타를 일으키려고 했는데 그 배후에 러시아의 국가적 관여는 없었는가? 외사경찰로서 최대의 주안점은 거기에 있었다.

외사과장을 총지휘관으로 우리는 옴진리교의 해외활동 실태를 규명하기 위한 프로젝트 팀을 발족시켰다. 조정담당인 나와 해외대책을 총괄하는 「오리타 야스노리」 국제 테러리즘 대책실장, 그리고 각각의 밑에 과장보좌급이 실무를 맡도록 하였다.

먼저 프로젝트 팀은 옴진리교 교주 「아사하라」 이하 주요 멤버들과 러시아와의 관계를 조사하였다. 이는 교단 관계자들의 해외 도주를 막기 위한 것이기도 하였다. 그리고 사린 같은 독극물과 총기 등 무기의 제조 실태나 입수경로 특정도 중요한 과제였다.

또한, 일련의 옴진리교 사건에 높은 관심을 나타내고 있던 미국과 기타 우방국에 대한 협력도 안전보장상의 신뢰관계 유지를 위해 필수였다. 그래서 우리는 교단 간부들의 러시아 방문 상황을 조사하였다. 정보수집·분석 총괄은 「다카스 가즈히로」 외사과장보좌(후에 긴키관구 경찰국장)가 맡도록 하였다. 「아사하라」는 ○회, 「조유 후미히로」 '러시아성 대신'은 ×회, 「하야카와 기요히데」 '건설대신'은 △회, 「니이미 도모미쓰」 '자치대신'은 □회 등 상상을 훨씬 뛰어넘는 숫자였다. 교단 간부 중에는 방문 이력이 10회 이상에 달하는 자도 있었고 「아사하라」와 그 가족 및 간부 등 24명이 총 120회 이상에 달하였다. 이 비정상적인 횟수가 시사하는 방문의 목적은 무엇인가? 긴밀한 관계를 이용해서 러시아로 도주하는 것은 아닐까 하는 위기감을 강하게 가졌다.

실제로 국내에 있을 줄 알았던 「조유 후미히로」는 당시 러시아에 머물고 있었다.

도주 저지 방안을 검토한 끝에 여권법에 규정된 '여권반납 명령'으로 대응하기로 하였다. 외사과의 「스지이 지로」 과장보좌(후에 경찰청 정책입안통괄심의관 겸 공문서감리관)를 중심으로 여권반납 명령을 비롯한 출입국 대책을 세우도록 하였다.

형사경찰과의 사고방식 차이

규명 작업을 계속하는 가운데 우리는 옴진리교가 국가를 적대시하고 과격화·무장화하는 과정에도 주목하였다.

옴진리교의 조직기구는 마치 정부의 행정조직과 같은 구조로 되어 있었다. 이것은 종교단체로서는 극히 이례적인 것이었다. 예를 들면 1995년 5월 시점의 교단 조직도에서는 '존사(尊師)'를 정점으로 측근기구로서 '법황(法皇)내청'(장관:「나카가와 도모마사」)과 '법황관방'(사실상의 수장:「이시카와 고이치」)이 있었다. 이 외에도 대장(*재무)·법무·외무·문부·후생·과학기술·우정·노동 등 당시 일본 정부에 실제로 있는 부처의 명칭을 딴 부서도 있었다. 게다가 방위·첩보·건설·치료·자치 각 부처에 비합법활동을 담당하는 조직이 존재하고 있었다는 사실도 밝혀졌다. 종교단체 풍의 부서명으로는 신(新)·동(東)·서(西) 3개의 '신도청'이 있고 '구성(究聖)음악원'이라는 것도 있었다.

이런 '부처'의 형태는 국가 행정조직과는 비교도 안 되지만, '방위청', '첩보성', '외무성'에서는 경찰 등의 '적(敵)'에 대한 정보수집과 대외연락, 교섭활동을 하고 있었다. 즉 교단을 국가적인 존재로 규정하고 기존 국가와 대등한 관계로 생각했던 것을 짐작할 수 있다.

사실 경찰 내부에서는 옴진리교를 둘러싸고 형사경찰과 외사경찰을 포함한 경비공안경찰 사이에 생각하는 방식이 크게 달랐다.

형사경찰은 교단을 매우 통솔력이 높고 커다란 악질 범죄조직으로 보고 수사 제1과를 중심으로 입건을 목표로 하고 있었다.

이에 비해 외사경찰은 러시아 같은 외국과의 깊은 관계도 염두에 두면서 쿠데타에 의한 국가전복을 지향하는 조직일 가능성에 유의하면서 실태 파악을 진행하고 있었다. 근거는 앞에서 기술한 바와 같이 「아사하라」를 정점으로 하여 각 부처를 둔 사이비국가가 무기 입수 등으로 러시아와 연계하고 있다는 사실에 근거한 것이었다. 실제로 「아사하라」는 1986년 신자들(당시는 '옴 신선의 모임')을 앞에 두고 "무력과 초능력을 사용하여 국가를 전복하는 것도 계획하고 있다."라고 발언하였다. 1990년에는 중의원 선거에 「진리당」으로 후보자를 내세웠지만 전원이 낙선했다. 「아사하라」는 참패의 이유를 "국가에 졌다."라고 설명했지만 그 후 "옴은 반사회·반국가이다."라고 격문을 띄워 국가와 경찰, 언론에 적의를 드러내게 되었다.

우리는 옴진리교가 '국가권력의 장악을 목표로 변모해 온 것이 아닐까?'라고 보고 있었다. 중의원 선거 낙선 후 「아사하라」는 권력 탈취 수단을 민주적인 형태에서 과격한 폭력주의적인 형태로 변경했다.

500만 달러 기부의 '효과'

소련은 1988년부터 1991년 12월에 걸쳐 순식간에 붕괴되어 통일국가로서의 통치 시스템은 기능 부전에 빠졌다. 국내는 혼란상태에 빠져 국가보안위원회(KGB) 같은 특권을 가진 기관과 정치력을 가진 개인 혹은 단체를 중심으로 국내외에 '후원자'를 구하고 있었다.

거의 같은 시기인 1987년 옴진리교는 '로터스 빌리지 구상'을 발표했다. 태양전지를 에너지로 하고 독자적인 학교와 병원 등을 지역 내에 지어 자기 완결된 성역을 건설하는 '일본 샴발라(*티벳 불교에서 말하는 이상향)화 계획'을 실행에 옮기려 한 것이었다.

1988년부터 1991년에 걸친 소련과 옴진리교의 양쪽 동향을 겹쳐 보면 소련이 붕괴로 향해가는 혼란기에 옴진리교는 '국가'를 목표로 정부와 경찰 등 외부에 대한 공격성을 강화하고 국가전복을 기도하는 집단으로 변화했음을 알 수 있다. 그들은 소련이라는 국가의 붕괴 과정에서 배어 나오는 체액으로부터 국가의 본질을 구성하는 진액을 얻으려고 했던 것처럼 보이기도 하였다.

옴진리교가 소련·러시아로부터 영향을 받았다고 한다면 그것은 어떤 내용과 형태였을까? 프로젝트 팀이 전국의 외사경찰로부터 모은 정보를 바탕으로 분석한 결과 옴진리교와 러시아와의 관계는 점점 명확하게 드러나기 시작하였다. 눈길을 끈 것은 소련 붕괴 직전에 구상되었다가 소멸한 '러일대학교·러일기금'의 존재다.「옐친」정권하에서 일본 측이 자금을 러시아 측에 원조하고 그 대가로 러시아 측으로부터 편의제공을 받는 일종의 권익관리계획이었다.

'러일대학교·러일기금'은「보리스 옐친」대통령의 설립허가를 받고 「올레그 로보프」국가안전보장회의 서기를 학장(기금총장)으로 해서 개설되었다. 운영에는「레오니드 자팔스키」전 경제성 차관,「빌리 코스착」과학아카데미 교수, KGB 출신인「알렉산드르 물라브요프」(그루머사 사장) 등이 관여했을 것으로 보인다. 러시아 측에서는 이 외에 10명의 이름이 설립 멤버로 거론되었다.

해외진출을 검토하던 옴진리교 측은 러시아 진출을 중개하는 컨설턴트 같은 일러 우호단체의 주관자(일본인)를 통해 러시아 측의「니콜라이 보리소프」전 공사를 거쳐 '러일대학교·러일기금'에 접근하였다.

사실 이미「보리소프」전 공사는 일본 외무성이나 통산성, 심지어「경제단체연합회」(게이단렌), 대기업 상사, 종합건설회사 등에 대학·기금에 대한 자금 지원을 요청했지만 모두 잘 진척되지 않았다. 그런 가운데 옴진리교로부터 500만 달러의 기부를 제시받자 '러일대학교·러일기금'은 그것을 수용하고 더욱이 러시아 정계에 대한 중개역할 등 편의 제공의 대가로서 헌금 10만 달러도 받았다.

자금 제공의 효과는 곧 나타났다. 옴진리교는 러시아 고위 관리와의 관계를 구축하여 현지의 종교법인 등록과 상업활동 인가 및 교단 관계자에 대한 복수비자 발급과 감세조치 등의 편의를 단기간에 얻을 수 있었다. 게다가 1992년 9월에는 「조유 히로후미」를 수장으로 모스크바 지부를 개설하였다. 최종적으로는 구 소련 지역 총 6개 시설에 러시아인 신자는 공식적으로 3만 명까지 불어났다. 옴진리교는 '러시아 구원 투어' 등도 기획했는데, 이 투어에는 「유리 루시코프」 모스크바 시장과 「알렉산도르 루츠코이」 전 부통령, 「루슬란 해즈블라토프」 전 최고회의 의장 등의 관여 가능성이 있었다.

KGB 간부 출신을 스카우트

우리는 옴진리교가 테러 활동에 전용할 수 있는 기술과 물자를 러시아로부터 입수했을 가능성도 추적하고 있었다. 예를 들면 레이저 무기·우라늄·군용 헬리콥터·독가스용 검지기·방독면·자동소총 같은 것이었다. 그중에서도 우리의 최대 관심사는 역시 사린의 제조 노하우였다.

게다가 현지에서 설립하여 인재를 모집한 경비회사 『옴 프로텍트』에는 KGB 전 간부 2명을 영입했고 전직 특수부대원도 고용했다고 한다. 이런 인재들은 화학무기와 생물무기를 사용한 시가지 테러 작전 및 그런 공격으로부터 몸을 지킬 수 있는 기술을 터득했을 가능성도 있었다.

결국 옴진리교와 러시아는 어떻게 연결되고 옴진리교는 러시아로부터 무엇을 얻었는가? 정보를 분석·평가한 결과 프로젝트 팀이 얻은 것은 다음과 같은 결론이다.

우선 자금 연결인데 옴진리교는 '러일대학교·러일기금' 루트를 통해 「해즈블라토프」전 최고회의 의장과 「파벨 그라초프」국방장관 등 러시아 정계나 군부의 요인들과 친분을 맺게 되었다. 또한 AIDS 퇴치 운동과 무료진료소 개설을 신청하고 주사기 100만 개를 기증하기도 했으며 자금을 제공하는 대신 많은 편의를 제공받았다.

특기할 만한 것은 러시아 TV 방송국 「2×2」의 프로그램 시간을 확보한 것이었다. 또한 라디오 방송국 「마야크」와 연간 80만 달러에 계약하여 러시아 통신성으로부터 일본 전용방송의 전파 사용권을 획득하였다.

무장봉기 후 이러한 전파를 통해 교단의 정당성을 일본에 알리고 선전 거점으로 삼을 생각은 아니었을까?

옴진리교에 협조적이었던 첩보기관

다음으로 러시아 측이 옴진리교의 군사화를 위한 기술정보와 장비 및 훈련 등을 제공하고 있었다. 20회에 달하는 러시아 방문 경험을 가진 무장투쟁파 「하야카와 기요히데」가 남긴 '하야카와 노트'에는 『멘레프 화학연구소』에 접근하려 했다고 기재되어 있는데, 그 목적은 사린 등 독가스의 입수였을 가능성이 있다. 그리고 국가보안위원회(KGB)와 연방군참모본부 정보총국(GRU) 같은 러시아 측 첩보기관이 옴진리교에 매우 협력적이었던 것도 주목할 만한 일이다. 옴진리교가 러시아에 접근하는 창구가 된 것은 정보기관과 관계가 있는 것으로 보이는 전 주일 공사였다. 또한 「조유」가 우두머리로 있었던 옴진리교 모스크바 지부에 소속된

「구스타프 츠아린」(가명)이라는 러시아 특수기관 출신 통역이 러시아 유력지 기자에게 현지의 옴 신자 중에 러시아군 화학부대원이 있음을 인정하였다.

다른 관심사는 러시아 내 옴진리교의 기업활동이었다. 무역에서 건설기업까지 업종은 다방면에 걸쳐 있는데, 특히 『화이트 로터스』사는 이른바 '신분세탁'을 위한 기업으로 실제로는 러시아인 학생들에게 화학 연구를 시키고 있었다고 한다. 이처럼 조사하면 조사할수록 러시아 측은 옴진리교의 무장화에 협조하고 있다는 것이 명확하게 되었다.

옴진리교의 지하철 사린 사건이 화학무기를 사용한 첫 도시형 테러로 미국 등의 관심을 끌었다는 것은 앞서 말한 바와 같다. 조사·분석활동의 한편으로 우리는 조사차 일본을 방문한 외국의 치안기관 등에 대한 대응에도 분주하였다.

1995년 3월 30일에 「구니마쓰 다카지」 경찰청 장관이 총격을 받자 외국 기관의 관심은 한층 더 높아져 갔다. 옴진리교의 국가전복계획이 드디어 일본의 치안기관 총수에 대한 직접 공격에 이르고 전면전에 들어간 것으로 인식하고 있지 않았을까?

호주에서도 독가스 사용

1995년 4월 3일에는 호주 수사기관이 경찰청을 찾아왔다.

현재의 중앙합동청사 2호관으로 재건축되기 이전 옛 인사원 건물 내에 있던 경찰청 외사과장실은 천장이 높고 상당히 넓었지만, 과장 이하 우리 경찰청 측과 몸집이 큰 호주인 4명~5명이 얼굴을 마주하기에는 비좁아서 결국 상대방 일부는 과장실 밖에서 대기하도록 하였다. 호주 측에는 절박함이 있었다. 상세한 정보를 듣고 우리는 깜짝 놀랐다.

호주 기관에 의하면 1993년 9월 「아사하라」와 교단의 '과학기술성' 간부 등 20명이 호주를 방문, 우라늄 채굴을 전제로 대상지역을 찾아 양질의 우라늄 광맥으로 유명한 반자완(퍼스에서 북동 쪽 700km 떨어진 내륙부)에 토지를 구입했다는 사실이 판명되었다는 것이다. 게다가 이곳에서 독가스 실험을 했다고 의심할 만한 양들의 수상한 떼죽음과 소각에 관한 정보도 제공받았다. 옴진리교의 핵 관련 물자조달 의혹을 둘러싸고는 '하야카와 노트'에도 러시아 고위 관리들과 핵탄두 가격을 논의했다는 내용이 기록되어 있다.

호주의 다른 기관도 일본에 왔다. 일본에서 화학무기 테러를 자행한 옴진리교가 자국에서 우라늄 채굴과 핵무기 개발 거점을 만들 계획이 있었다는 사실에 호주의 위기감은 높아졌을 것이다.

하지만 지하철 사린 사건에 가장 높은 관심을 보인 곳은 미국이었다. 미국은 사건발생 직후 일본의 의료기관을 중심으로 증상과 치료의 유효성 등에 관한 정보수집에 혈안이 되었다고 한다. 미국이 관심을 가진 이유는 크게 세 가지로 볼 수 있었다. 먼저 ① 군대가 아닌 곳에서 제조된 화학무기가 범행에 사용된 점 ② 테러조직화한 컬트교단이 일으킨 사건이라는 점 ③ 생활 인프라인 대중교통기관을 무대로 도시형 대량살상 테러가 일어난 점인데 게다가 그 현장이 거대한 밀폐공간인 지하철이었다는 것이다.

나는 미국 기관과 오랫동안 알고 지내왔기 때문에 그들이 어떤 정보를 원하는지 잘 알고 있었다. 옴진리교는 사린의 제조 노하우를 어디서 입수했는가? 다양한 테러 수법 가운데 왜 지하철에서 사린을 뿌리는 방법을 선택했을까? 그리고 무엇보다도 그들은 미국이 도시에서 사린 공격을 받을 경우 어떻게 피해를 극소화하고 공격 주체에 대항하면 좋을지, 그 단서가 될만한 정보를 가장 입수하고 싶어했다.

　미국은 아마도 일본에서 수집한 정보를 바탕으로 시간대, 장소, 기온·습도·풍력·풍향 같은 환경, 독가스의 종류, 농도와 살포량, 현장 인파의 흐름 등 조건을 바꾸어 컴퓨터 시뮬레이션을 하고 몇 가지 상정 시나리오를 작성할 것이었다. 사상 처음으로 핵무기가 사용된 히로시마·나가사키에서 투하 직후에 군사적·의학적 관점에서 철저하게 정보수집을 했던 것과 다르지 않다. 나는 그들의 관심정보와 업무방식에서 국가 의무에 투철하면서도 극히 냉철한 시선을 느꼈다.

"경찰이 우리를 지켜줄 수 있는가?"

　우리에게는 모든 외국 기관의 관심에 대응하는 업무와 동시에 신속히 해결해야 하는 현안이 있었다. 그것은 「아사하라」 등 최고간부의 국외도주 저지이다. 국내 추적수사는 「아사하라」의 소재를 장기간 모르는 상태였다.

　1995년 3월 30일 경찰청 장관 저격 사건 당일 외무성 여권과에 나가 있던 우리가 "여권법에 따라 「아사하라」에게 여권반납 명령을 내려달라." 라고 요청하자 외무성 담당관은 이렇게 대답했다.

　"반납 명령을 내려 만약 보복 테러의 대상으로 우리를 노린다면 어떻게 됩니까? 경찰청 장관도 총격에서 지키지 못한 일본 경찰이 우리를 모두 지켜줄 수 있습니까?"

　여러 가지 의미에서 억울하고도 안타까웠다. 결국 여권반납 명령은 내려졌지만 당시 일본 전체가 옴진리교 공포로 위축되어 있었다. 이렇게 되면 공포심을 조장하여 정치적 목적을 이루려는 테러리스트가 원하는 바가 아닌가?

외무성에서 경찰청으로 돌아오는 수백 미터 동안 가랑비를 맞으면서 빠른 걸음으로 걸었다. '경찰의 눈물이 담긴 빗물'이라는 말이 머리를 스쳤다. 분노라고도 할 수 없는 감정은 젖은 아스팔트에 던져 버릴 수밖에 없었다.

「아사하라」가 체포된 5월 16일 나는 이른 아침부터 총리관저에 있었다. 전날 「스기타 가즈히로」 경비국장으로부터 "내일은 바빠질 테니까 「가네시게」를 도우러 관저로 가주게."라는 지시를 받았다. 총리 비서관付라는 직책이 생기기 전의 일이다.

「가네시게 요시유키」 총리 비서관(후에 경비국장) 사무실로 파견을 나갔더니 책상은 커녕 의자도 없었다. 결국 총리실 인접 회의실에 자리를 잡고 경비국 종합대책실 연락요원으로서 「아사하라」 체포를 기다렸다. 당일은 총리 비서관실의 누구도 "방해가 되니까 돌아가라"라는 말을 하지 않았다.

경찰의 승리 선언

1995년 5월 16일 오전 6시 반 대책실 제1차 회의가 열렸고 7시에 제2차 회의가 열렸다. 그 시점에서 모두가 우려한 것은 사실 보복 테러보다도 소재를 알 수 없는 「아사하라」를 예상된 장소에서 체포할 수 있을지 여부였다.

최종적으로 「아사하라」는 경시청이 진입한 '제6 사티안'(*옴진리교 영역 내 시설의 각 건물에 붙인 말) 내 교묘하게 위장해 놓은 작은 방에 숨어 있었다. 흉악한 테러 조직의 수괴로서의 위엄은 전혀 느껴지지 않았다고 한다.

체포 2주 후인 1995년 5월 30일 전국 경비부장 회의에서 「스기타」 국장은 "옴진리교 근무 태세는 6월 상순까지 마치고 이후 통상적인 근무 태세로 되돌리겠다."라고 말하였다. 이것은 어떤 의미에서 경찰의 '승리 선언'이었을지도 모른다.

외사과의 프로젝트 팀도 러시아가 옴진리교에 미친 영향에 대한 규명 작업을 일단락 짓게 된다.

같은 해 8월 29일 안건을 마무리하면서 옴진리교가 조직적으로 러시아를 이용하려고 한 것은 사실로 결론지었다. 하지만 옴진리교의 국가전복 기도에 대한 소련·러시아의 국가적 관여는 밝혀지지 않았다.

그로부터 28년 후 러시아는 이웃나라 우크라이나를 침공했고 세계정세는 큰 변동기에 접어들고 있다. 냉전 종식 후 외사경찰은 국제 테러리즘으로 인력·예산이 전환되었으나 최근 미중 신냉전 구조 속에서 중국과 북한에 초점을 맞추고 있다.

러시아가 우리에게 늘 주시의 대상임에는 변함이 없지만 이제는 군사침공 당사국이다. 하이브리드전의 일환인지 모르겠으나 러시아의 소행으로 여겨지는 디스인포메이션(허위조작정보), 사이버 공격 등은 우크라이나 이외 지역에서도 빈발하고 있다. 군사면에서는 2023년 6월 6일 일본을 겨냥한 시위행동의 일환으로 러시아군과 중국군의 폭격기들이 동해에서 동중국해 상공으로 공동 비행을 실시하였다.

「기시다」 내각은 러시아의 우크라이나 침공 이후 대러 정책을 크게 전환하였다. 앞으로는 지금까지와는 다른 시각으로 인접국 러시아의 제반 동향을 예의 주시해야 할 것이다.

저자는 일본 외사경찰의 정보를 종합할 때 옴진리교와 러시아 정보기관 (구소련 포함)이 상호 편의를 주고받았다고 기술하였는데, 오히려 러시아 정보기관이 옴진리교를 활용하였을 가능성이 커 보인다. 구소련의 붕괴시기였기 때문에 국가 통제력이 약화 되었다고 하더라도 국가정보기관인 KGB가 금전적 이익만을 노리고 외국 사교집단에 편의를 제공할 가능성은 낮아 보이기 때문이다. 또한, 전 세계 정보기관 중 외국에 대한 영향력 공작(In-fluence Operation)과 허위정보 유포를 통한 정보조작(Disinformation)에 가장 능숙한 소련의 KGB라면, 충분히 냉전기 적대진영에 속하며 잠재 적국인 일본의 사교집단을 정보활동에 활용하고자 하는 의지가 매우 강했을 것으로 보여진다.

본문에 언급된 Disinformation은 어원 자체가 러시아어 'dezinforma tsiya'에서 비롯된 것으로, 조작된 정보를 유포하는 정보공작을 말한다. 소련 KGB는 역사상 수많은 정보 조작과 영향력 공작을 자행해 온 것으로 잘 알려져 있다. 중요기관이 작성한 듯한 가짜 보고서, 조작된 외교문서, 중요 인사가 보낸 듯한 가짜 서신 등을 은밀하게 언론에 흘려 자신들에게 유리하게 특정 국가의 여론을 유도하는 등으로 정치에 개입하거나 협상에서 유리한 위치를 확보하는 공작활동에 매우 능한 것이다.

러시아는 2016년 미국 대선에도 개입해 자신들에게 비우호적인 힐러리 클린턴 후보에게 불리한 정보를 위키리크스 등 폭로 매체를 통해 유포하고, 첨단 데이터 분석과 인터넷 기법을 활용하는 방법으로 선거에 영향을 준 것으로 알려져 있다. 이러한 사실은 미국의 17개 정보기관을 총괄하는 국가정보장실(ODNI)이 2017년 1월 CIA, FBI, NSA 등의 조사 내용을 기반으로 작성한 공식 보고서를 통해 확인되기도 하였다. 보고서는 러시아가 미국 대선에 개입하여 자신들에게 우호적인 후보가 당선되도록 영향력을 행사했을 뿐 아니라, 민주적 기본질서에 대한 신뢰도를 떨어뜨리기 위한 목적으로 공작을 추진했으며, 다른 동맹국의 선거에도 개입할 가능성이 크다고 지적하였다. 최근에는 중국이 부상하면서 각국에서 '공자학원' 폐쇄 및 중국과 연계된 화교들의 정치권 침투를 차단하는 등 중국의 영향력 공작에 대한 우려가 커지고 있다.

경제안전보장 –
중국 기업
「화웨이」의 위협

경제안전보장 – 중국 기업 「화웨이」의 위협

중국의 위협에 대한 본질은 '군민융합', 즉 국가의 뜻에 따라 모든 수단을 구사하여 군사기술과 민생기술을 연계시키는 '복합연계'라고 할 수 있다.

2022년 8월 1일 '경제시책의 일체형 강구에 따른 안전보장 확보 추진 관련 법률(이하 경제안전보장추진법)' 일부가 시행되어 내각부에 '경제안전보장 추진실'이 설치되고 실장으로 재무성 출신 「이즈미 고유」가 취임하였다.

최첨단 부품·소재·자원 및 정밀기계기술·정보 등이 '총탄'보다 위력을 발휘하는 시대에 돌입한 지 오래되었는데 일본도 겨우 그 전선을 헤쳐나가기 위한 독자 사령탑을 얻게 된 셈이다.

경제안전보장은 미일은 물론이거니와 美·日·濠·印 전략대화(QUAD, Quadrilateral Security Dialogue), G7 공동선언 등에서도 주요 정책과제로 다루어져 지금은 국제정치·국제경제를 이해하는 데 없어서는 안 될 중요한 개념이 되었다.

내가 그 필요성을 강하게 인식하고 그 분야에서 일본이 낙후된 것에 강한 위기감을 갖게 된 것은 다름이 아니라 빠르게 확대되는 중국의 패권주의와 그것을 뒷받침하는 첨단기술·정보에 대한 끝없는 야욕, 그리고 야욕을 충족시키기 위해 어떤 수단이든 가리지 않는 정보활동을 생생하게 보아왔기 때문이다.

이야기는 효고현경 본부장을 마치고 외사정보부장으로 부임한 2010년 4월로 거슬러 올라간다. 그때쯤 외사경찰뿐만 아니라 일본이라는 국가 전체가 그야말로 중국에 의한 '눈에 보이지 않는 침략(silent invasion)'에 직면해 있었다.

외사정보부장은 '외사과'(방첩, 대량살상무기 비확산 관장)와 '국제 테러리즘 대책과'의 2개과로 이루어진 외사정보부를 총괄하는 심의관급(경시감) 자리지만 조직관리 이상으로 중요한 업무가 두 가지 있다. 하나는 외사와 국제테러 대책에 관해 각 지방 외사경찰이 주야를 가리지 않고 노력하고 있는 단속과 정보수집·분석의 사령탑 역할이고, 또 하나는 동맹국·동지국의 치안·정보기관과 정보교환·협력이다.

외국 치안·정보기관과의 접촉은 시간과 장소를 가리지 않는다. 부장실 벽면에 붙어 있는 특대 사이즈의 세계지도와 책상 위 대형 지구본은 장식용으로 놓여 있는 것이 아니다.

2010년을 전후하여 일본을 포함한 서방 정보 커뮤니티는 중국의 전기통신기업 『화웨이 기술』의 정보 유출·절취 의혹에 대한 우려를 키우고 있었다. 특히 미국을 중심으로, 『화웨이』가 정보전송 기능을 가진 반도체 등을 납품하고 완성된 정보기기의 통신내용을 '백도어'를 통해 비밀리에 중국 측으로 송신한다는 것이 안전보장상의 위협으로 계속 인식되고 있었다.

중국의 발전이 초래한 위기

나도 바로 일본에 대한 『화웨이』의 침투상황을 조사하게 되는데, 중국에 깊이 침투된 일본의 정계·산업계의 상황이 점점 더 부각되는 사실에 소름이 끼쳤다.

『화웨이』의 기업활동은 단적으로 패권주의를 추구하는 중국이라는 국가와 하나가 되어 기술적 수단을 통해 정보수집활동을 지원하고 이를 통해 기술과 산업에서 우위에 서있는 서방 세계에 도전하여 현상변경을 기도하는 것이라고 할 수 있었다. '명실상부'라는 말처럼 『화웨이』의 회사명이 '중국(華)을 위(爲)하여'라는 것에서조차 그것을 쉽게 추정할 수 있다.

한편 당시 일본에서는 정부도 산업계도 '중국의 발전'이 일본에 가져올 경제적 이익과 편익에 눈이 멀어 위기의 본질을 이해하지 못하고 그 침입을 쉽게 허용하였다.

당시 나는 '고립'과 '초조함'에 사로잡혀 있었다.

『화웨이(화웨이기술유한공사)』는 광둥성 선전에 본사를 둔 전기통신기업이다. 2002년에는 도쿄 사무소를 개설하였다. 2005년에는 일본 법인 『화웨이 일본』을 설립하여 일본으로 본격 진출을 개시하였다. 그 경영전략은 창업자인 「런정페이」가 이 회사 제1차 이사회에서 말한 다음 발언에 응축되어 있다.

"(『화웨이』는) 중국의 외교 노선을 따라 국제 마케팅 전략을 계획하고 있으며 이는 지극히 자연스러운 선택이다."

정부나 공권력의 규제·개입으로부터 자립해서 성장하는 것을 목표로 하는 일본이나 서방의 기업관과는 완전히 다른 것이다. 마치 『화웨이』가 국가 그 자체인 것 같은 경영사상을 지니고 있는데, 이는 '이상하고 이질적인 대국'인 중국 이외에서는 태어날 수 없는 기업이라고 할 수 있다. 『중국 국가개발은행』으로부터 약 100억 달러의 여신 범위를 확보했다는 점도 크게 수긍할 수 있는 일이다.

창업자는 연구기관 출신

도쿄에 사무소를 마련하고 불과 9년 후 2011년 중국 기업으로서는 처음으로 일본 『경제단체연합회』(게이단렌)에 가입하였는데 이런 에피소드가 있다.

『화웨이』가 최초로 『게이단렌』에 가입을 타진한 것은 2008년이었다.

이에 대해『게이단렌』측은 사실상 수용을 거부하였다. 그러나 2년 후 지난번과는 다른 창구인 국제협력본부에 대해 집요하게 수용을 압박하고 무리하게 업무자료를 제출하였다. 무리가 있었다고 해도『게이단렌』이 자료를 접수한 것은 금융기관의 신용 획득에 큰 메리트가 되었다.『화웨이』는 다른 쪽으로 금융기관 심사와 대형증권·대형은행의 추천을 받고 최종적으로 회장 승인을 거쳐 가입에 이르렀다.

일본 금융기관으로서도『화웨이』의 시장가치와 잠재성은 큰 매력이었다. 예를 들어 2008년의 국제특허출원 건수를 보면『화웨이』는 2위인『파나소닉』(1,729건)과 3위인 네덜란드『필립스』(1,511건)를 누르고 1,737건으로 세계 기술경쟁에서도 1위를 달리고 있었다.

일본 실업계가 경악했던 것은 경영확대의 속도가 너무 빨랐다는 것이다. 2010년도의 매출액은 전년 대비 24.2% 증가한 1,852억 위안이고 순이익은 238억 위안에 달했다. 매출규모는 당시 세계 제1위인『에릭슨』(스웨덴)에 육박하였다.

2010년은 중국이 명목 국내총생산(GDP)에서 일본을 제치고 세계 2위가 된 해다. 2011년 내각부는 중국이 2025년에는 미국을 제치고 세계 최대의 경제국이 될 것으로 전망하고 있었다. 일본의 금융기관과 대형증권사가 중국에서 사업 기회를 발견하게 되면서 일본의 산업계·재계는 '중국'이라는 거대한 소용돌이에 빠져들어 갔다.

『화웨이』의 사업 확대는 '국가로서의 중국'이 지탱해주었는데, 경영진의 이력이 그것을 여실히 말해 주었다. 설립자「런정페이」는 인민해방군 연구기관(총참모부 제3부 연구기관) 출신이며 회장인「쑨야팡」은 정보기관인 국가안전부 통신사업부문 출신으로 알려져 있었다.『화웨이』는 세계적인 정보·기술·돈·인재를 진공청소기처럼 빨아들여 거대화하는 그야말로 중국의「화신(化身)」이었다.

중국의 가장 중요한 전략은 철저한 '군민융합'이다. 최첨단 민간기술 들을 적극적으로 군사용으로 전용하기 위한 군사전략으로 지금까지 만 고불변의 방침이라 해도 좋다. 그 본질은 기술력 향상이나 제품화에 있 어서도 군사와 민생의 경계를 굳이 두지 않는 데 있다.

원래 공산주의 중국에서는 국유기업은 물론이고 기업이 정부나 군 또는 공산당의 영향 아래 놓여 있는 경우가 많아 민간에서 개발된 기술을 군이 이용하기 좋은 환경에 있다. 이러한 상황하에서 외국 기업이나 그 연구기관을 유치하고 합병기업화해서 기술이전을 도모한다.

'군민융합'이 고도로 진전된 중국에서는 비록 민간끼리의 기술협력 을 가장하더라도 해당 기술의 군사 전용은 간단한 것이다.

시카고에서 검거된 여자 스파이

이처럼 중국에서는, 외국 기업의 기술협력이나 매수를 통한 강제적 기술이전은 반 상식으로 되어 있지만, 기술이전에 소극적인 외국 기업에 대해서는 비장의 수단인 정보기관이 등장해 산업스파이 등의 불법적인 수단으로 핵심기술을 획득하게 된다. 최근에는 해외유학에서 귀국하는 사람을 이용한 기술도입도 많아졌는데 이러한 사태도 당시부터 쉽게 예 측이 가능한 일이었다.

외사경찰의 시선은 『화웨이』의 세계적인 활동으로 옮겨가고 있었다. 공개 자료를 조사하는 것만으로도 『화웨이』의 수상한 동향은 분명하였다.

【 해외 각국에서 『화웨이』의 불법활동】
《2007년 6월 23일 시카고공항 세관/중국인 여성 「진한주안」/『모토로라』에서 절취한 것으로 보이는 극비문서 100매 발견. 가택수색 시 자택에서 중국군용 전자기기 S/W에 관한 문서와 현금 3만 달러 등 발견/ 신병구속/동인은『모토로라』근무 시절 비밀리에『화웨이』를 위한 상품 개발에도 종사했던 산업스파이》

《2009년/미국 국가안보국(NSA, National Security Agency)/미국 통신망을 감청하기 위해 중국 정보기관과『화웨이』가 공동개발한 시스템에 불법 프로그램들을 끼워 넣었을 가능성을 파악/NSA는 미국 최대 통신업체『AT&T』에서 구매 결정된 차세대 전화 시스템에 사용할 기기에 대해『화웨이』와의 거래중지를 권고/『AT&T』는『화웨이』와의 계약을 중지, 스웨덴의『에릭슨』에서 구매하기로 변경》

《2010년 4월 28일/인도 정부/인도에서 도입하던 전화교환기 등의 통신설비기기에 도청 기능이 갖춰진 칩이 심어져 원격작업으로 비밀을 취급하는 네트워크에 대한 침입이 가능하다고 판명/『화웨이』제품을 시장에서 배제/『화웨이』는 수입금지 결정 후 간부를 인도로 파견하여 인도 고위관료에게 로비 활동을 전개, 반전을 시도》

《2011년 1월 17일/네팔 국경 근처 인도 우타르프라데시주 경찰/ 『화웨이』의 중국인 사원 3명(남자 2명, 여자 1명)을 불법 입국으로 체포/ 3명은 네팔 쪽에서 전파통신탑을 설치한 것 외에도 카메라로 인도 군 시설 촬영》

《영국 정보부/『화웨이』가 세계 최대 통신사업체『BT 글로벌 서비스』(구『British Telecom』)와 공동 사업에서 영국의 전기·식량·수도 등 기간산업을 마비시키는 장치를 설계하고 있었다고 지적》

일본 산업계가 '허점'으로

일본에서 『화웨이』의 침투는 기술 정보 절취뿐만 아니라 중앙과 지방의 정·재계를 파고들기 시작하였다.

《2004년/『화웨이』직원이 시카고에서 개최된 통신업계 총회「Super Comm2004」에서 일본 대형 벤더업체가 설치한 100만 달러 상당의 네트워크 장비를 해체하고 전기회로의 기판을 촬영하고 있는 것이 발각》

《2009년 10월/『화웨이 일본』의 간부가 시즈오카현 하마마쓰 상공회의소 강연회에 사전 등록없이 참가하여 거래처 확장을 호소》

《2010년/『화웨이』는 방위성에 전자기기를 납품하는 일본 기업에 접근》

《2010년 5월/『화웨이』최고간부는 방중한「일중 우호의원연맹」간부들과 베이징 시내에서 접촉, 자사제품에 대한 백도어 등 보안상의 불신감 해소를 호소하는 로비활동을 전개》

『화웨이』가 중국 정부를 뒷배로 활동하는 국가의 사업체임을 이미 언급했지만 주일 중국대사관과의 연계도 극히 긴밀하였다. 주일 중국 기업이 대사관과 접촉하는 것 자체는 결코 부자연스러운 것은 아니다. 그런 경우 접촉 대상은 주로 상무처이다. 『화웨이』의 특징적인 점은 기술 정보 수집·분석 등을 담당하는 과기처와의 접촉에 최대 중점을 두고 있었다는 것이다. 이 사실이 무엇을 의미하는지는 말하지 않아도 분명할 것이다.

『화웨이』와 주일 중국대사관(더 나아가 중국 정부·공산당)의 움직임을 같이 놓고 생각하면 일본의 산업계는 이미 중국이 군민 공용으로 이용할 수 있는 중요정보를 절취하는 루프 홀(허점)이 되고 있다는 생각이 들었다. 이것은 당시 외사경찰에게 던져진 커다란 도전이었다.

'군'과 '민'에 '정보기관'이 가세한 삼각체제로 선진국의 민감기술·정보를 훔치기 시작한 지 10년 이상 시간이 지나 중국은 그 세계전략을 숨기지도 않고 오히려 공공연하게 강화하고 있다.

2021년 3월 채택한 5개년 계획에 의하면 '군민융합'을 진행하여 AI나 양자기술 등의 분야에서 발전을 서두를 방침이다.「시진핑」국가주석 자신은 같은 해 10월 열린 군 장비품 관련 회의에서 "이 5개년 계획을 착실히 실시해서 '중국 인민해방군 건군 100주년'인 2027년의 분투(奮鬪) 목표 실현을 향해서 적극적으로 공헌할 것"을 요구하였다.

민간기술을 국가적 규모로 활용하여 군사적 우위를 점하기 위해 심혈을 기울이는 중국-국가와 기업의 차이를 논하는 것은 이미 무의미하다-에 설령 민생기술일지라도 첨단기술·정보를 털리게 되면 일본에게는 그것은 곧바로 안보에 직결되는 사활의 문제가 될 수도 있다.

도야코 정상회담의 무선기지

당시 분석에 따르면 정보유출·절취에 대한 취약성은 단지 기술정보에 그치지 않는다는 것이 확인되었다. 예를 들면 외교기밀이 난무하는 다자간 정상회의의 장이다. 일본·미국·영국·프랑스·독일·이탈리아·캐나다·러시아와 EU의 정상이 한자리에 모인 2008년 7월의 홋카이도 도야코 G8 정상회담 회의장 주변에 무선통신 기지국을 설치하고 정상회담 취재에 참가한 언론들에게 데이터 카드를 무상으로 배포하여 통신편의를 제공한 것이 다름 아닌 『화웨이』였다.

일반적으로 정상회담 참가 각국의 정상이나 파견단은 본국과의 기밀 통신을 통해 전용 암호화 회선을 사용한다. 암호화 회선은 내용 감청이 곤란하다.

각국에서 100명 규모로 내방하는 외교단 중에는 암호화가 이뤄지지 않은 일반 회선을 사용하는 경우도 물론 있다. 이때 통신보호의 허점이 생겼을 가능성도 배제할 수 없었다. 특히 각국의 정부 소식통들로부터 얻은 언론의 취재정보는 일반회선으로 송수신이 이루어진다. 『화웨이』의 기술적·기업적 공헌으로 중국의 정보수집 효율은 높아진 것으로 추정된다.

정보 유출·절취가 우려되는 장치가 내장된 제품은 사실은 일본 정부에도 납품되었다. 방첩을 관장하는 경찰청에 납품된 기자재에도 『화웨이』 부품이 내장된 국내 메이커 제품이 포함되어 있다는 것이 판명되었다. 백도어를 통한 정보유출·절취에 이용되는지 아닌지를 곧바로 단정할 수는 없었지만, 우리는 항상 '『화웨이』 리스크'를 염두에 두고 정보를 취급하지 않으면 안 되게 되었다.

「소프트뱅크」 매수에 제동

이제까지 누누이 설명한 것은 단순하게 과거를 돌아보기 위한 것만은 아니다. 국가전략과 일체화한 『화웨이』의 '눈에 보이지 않는 전략'은 실로 교묘하게, 부지불식간에 현재도 계속되고 있다. 외사정보부장 시절 느낀 이러한 위기감은 2011년 12월에 내각정보관으로 부임한 후에도, 그리고 그 후 국가안전보장국장에 취임하고 나서도 계속되었다.

2012년 두 번째로 정권을 맡게 된 「아베」 총리는 이미 '힘'과 '정보'의

양면에서 현상변경을 시도하는 중국의 세계전략에 주목하고 있었다. 바로 그 정권의 내각정보관으로 다른 국가들과 연계의 일익을 담당했던 나는 미국이 중국과 치열하게 대치하는 '미중 신냉전'의 심연을 엿보았다.

2013년 일본의 통신 대기업『소프트뱅크』가 미국 통신 대기업『스프린트 넥스텔』을 인수하였다. 이때「외국인투자위원회(CFIUS, Committee on Foreign Investment in the United States)」의 심사를 받아 ① 특정상황에서『스프린트』의 통신기기 구입에 관해 미국 정부가 수입에 대해 거부권을 갖는다는 점 ②『소프트뱅크』는 중국『화웨이』에서 만든 디바이스 기기를 제거하는 것 등을 조건으로 승인을 얻었다.

「CFIUS」는 미국 재무장관을 의장으로 하여 미국의 기업과 사업 및 기술에 대한 외국의 투자를 국가안전보장의 관점에서 심사하는 위원회로서, 경제나 통상뿐만 아니라 안보와 관련이 있는 국방부·국무부·상무부·국토안보부 등 16개 부처로 구성되어 있다. 외국이 투자하는 것에 대해 경제안전보장상의 관점에서 미국 기업을 지키기 위한 조직으로서 당연히 심사에는 미국 정보 커뮤니티의 의견도 비중있게 반영된다. 심사는 대상 안건과 결과를 공표하지 않으며 매우 신중, 엄격하다고 알려져 있어 일본 경제계도 항상 그 동향을 주목하고 있었다. 그「CFIUS」가 "잠깐 기다려!"라는 반응을 보인 것을 경제계는 매우 무겁게 받아들였다.

이 사건 직후 같은 정보계통 출신인 미국 친구가 일본에 와서 점심을 같이 할 때 이 건이 화제가 되었다.

"「시게루」, 이번 인수의 귀추에 주목하는 것이 좋을 것이다. 미국 정부 안에는 이번 인수가 '트로이의 목마'라고 하는 사람들이 있다."

이는 매우 의미심장한 발언으로 당시 워싱턴의 분위기를 말해준 것이라 생각한다.

내각정보관이라는 직무를 수행하면서 '미중 신냉전'의 최전선에서 생각한 것은 경제안전보장을 완수하려는 의사는 지도자의 인식에 바탕을 둔다고 하는 것이었다.

중국과 어떻게 대응하느냐는 문제는 한 나라의 경제·통상 정책을 크게 좌우한다. 현재 중국이라는 존재는 그 정도로 크다. 그런 가운데 일본과 미국·영국·캐나다·호주·뉴질랜드, 이른바 '파이브 아이즈'에서는 2010년대 이 문제에 관한 위기감이 공유되었다. 반면 유럽에서는 좀처럼 중국의 국가전략과 『화웨이』의 위협에 대한 인식은 깊어지지 않았다.

독일 국방차관과 비공식 회동

「아베」총리와 독일 「메르켈」총리는 수 차례나 회담했는데, 2019년 2월 4일 정상회담 시 「메르켈」총리는 '『화웨이』의 위협론'에 극히 회의적이었다고 한다. 결국 「아베」총리는 중국의 위협에 대한 실상을 알리고 정세인식을 공유하는 것이 선결과제라고 생각하고 직원을 파견해 공동으로 업무를 맡도록 하였다.

당시 독일의 국방차관이었던 「하인리히 라이쉬」(가명)와는 그의 전직 시절에 카운터파트로서 절친한 사이였다. 앞에 말한 일독 정상회담 직후인 같은 달 15일 뮌헨 안전보장회의(MSC, Munich Security Conference)에서 그의 요청에 따라 회의장인 호텔의 바에서 비공식적으로 접촉하였다. 나는 『화웨이』관련 일본 정부의 생각을 누누이 설명했지만, 그는 "(『화웨이』제품 위협의 존재에 대해) 정부의 상층부를 설득하려면 '명백한 증거(smoking gun)'가 필요하다."라고 반복하고 있었다. 솔직하고 귀족적 분위기를 자아내는 그의 논리도 이해하지 못하는 것은 아니었다.

그러나 백도어는 특수한 신호 등으로 활성화하는 것이 통상적이며 정책 변경에 있어 '명백한 증거'를 요구하는 것 자체가 '제품배제 불법'과 '『화웨이』의 긍정'으로 이어지는 논리였다.

독일과 같이 동아시아에서 지리적으로 먼 유럽 국가들에게 중국은 거대하고 매력적인 시장으로서 중국의 장기전략에 대한 정확한 정세를 인식하기는 어렵다. 아니, 일부러 관심을 두지 않으려는게 아닌가 하는 생각조차 들었다.

「아베」정권은 중국이라는 국가의 실체를 서방 사회와도 공유하기 위해 노력하고 대응의 기본 방침을 구축해왔다는 의미에서 국제사회에 공헌했다고 나는 생각한다.

ITT(보이지 않는 기술 이전)를 예의 주시

새삼스럽게 말할 것도 없지만 에너지나 정보통신은 물론 교통·물류·금융·수도·의료……. 이러한 산업은 국민생활의 유지에 필수적임에도 불구하고 일본은 다른 나라에 대한 일방적 의존에 너무나도 무관심하였다. 특히, 유사시에 그 기능이 저해되면 국민의 생명·신체·재산의 안전을 좌우하게 된다.

이러한 상태를 피하기 위해서는 평상시부터 중요물자의 공급망을 강인화하고 기간 인프라 네트워크의 취약성을 극복하며 인재·지식의 유출 같은 ITT(Intangible Technology Transfer, 보이지 않는 기술의 이전)를 눈여겨봐야 한다. 「아베」정권의 종반인 2020년 내가 국가안보국에다 경제반을 설치한 것은 외사경찰의 일원으로서 오랫동안 중국의 대일 유해활동이나 '영향력 공작(Influence Operation)'을 봐 온 것이 큰 이유였다. 경찰청 외사정보부장직에 있었던 2010년부터 12년의 세월이 경과했고 경제안전보장추진법은 가까스로 통과했지만 경제안전보장 정책은 이제 막 걸음마 단계다.

경제안전보장 정책의 실효성을 더욱 높이기 위해서는 ① 외국 기업의 국내 기업 인수나 우려국에 대한 핵심기업의 대외투자 등에 따른 핵심기술의 유출을 저지하기 위한 대책 강화 ② 민간인이 국가 기밀정보를 처리할 수 있는 자격제도(보안인증·적성평가) 확충 ③ 중국의 데이터 포위가 진행되는 가운데 DFFT(Data Free Flow with Trust, 신뢰성이 있고 자유로운 데이터 유통)에 의한 자유로운 데이터 유통을 계속 확보하고 프라이버시·보안·지적재산권 확보 등 데이터 보호를 강화할 것 등을 들 수 있다.

코로나19 대책에서는 헬스케어 제품과 백신, 의약품이 경제안전보장상의 사전 예방적인 국가적 대책이 될 수 있고, 러시아의 우크라이나 침공에서는 에너지와 식량이 역시 비슷한 수단으로 인식되고 있다.

이러한 불투명한 시대에 살고 있는 우리로서는 경제안전보장이 국민의 일상생활을 지키기 위해 사활적으로 중요한 정부 과제가 되었다.

해설 4　미국의 외국인투자위원회(CFIUS)

CFIUS(Committee on Foreign Investment in the United Sates)는 외국인 또는 외국 기관이 미국에 투자하고자 하는 경우 국가안보와 국익 차원에서 심사하는 연방정부위원회. 외국의 투자가 개입된 미국 내 특정 거래와 외국인의 부동산 거래가 미국의 국가안보에 영향을 주는지를 심사하는 범정부부처 합동 심의 기구라고 할 수 있다. 재무부 장관을 의장으로 하여 법무부, 국토안보부, 상무부, 국방부, 국무부, 에너지부, 무역대표부(USTR), 과학기술정책실 등이 참여하며, 필요시 백악관의 예산, 경제, 안보, 국토안전실 등도 참여한다. 국가정보장(DNI)과 노동부장관도 의결권 없이 참석한다.

　이 위원회의 권한을 뒷받침하는 법률로는 국가안보에 영향을 미치는 미국 기업의 인수, 합병을 대통령이 금지할 수 있도록 한 외국인투자 및 국가안보법(FINSA, Foreign Investment and National Security Act 2007), FINSA를 강화하여 군사, 첨단기술, 에너지 등 국가안보와 밀접한 산업의 인수, 합병뿐 아니라 소프트웨어, 전자상거래, 금융서비스 등의 정보 접근 가능성을 규제하고 의무보고 사항을 확장한 외국인투자위험심사현대화법 (FIRMA, Foreign Investment Risk Review Modernization Act 2018) 등이 있다.

　2024년 5월 13일 바이든 대통령은 와이오밍주 프란시스 워런 공군기지에서 불과 1마일 떨어진 곳에 위치한 중국 암호화폐 채굴업체에 시설 폐쇄 및 토지 매각과 장비 철수를 요구하는 대통령 행정명령에 서명했다. 이 명령은 해당 중국 채굴회사와 인접한 위치에서 국방부를 지원하는 데이터 센터를 운용중인 마이크로소프트(MS)사가 해당 시설이 중국의 정보수집 공작에 활용될 수 있다며, CFIUS에 심의를 요청한 결과였다. 워런 기지는 미국의 3대 전략 핵미사일 기지중 하나로 대륙간탄도탄(ICBM)을 운용하는 제90 미사일 항공단이 주둔하고 있는데, 중국 업체에서 레이저나 적외선 장비, 도청 장비 등을 활용한 군 기지 동향 감시가 가능하고, 비트코인 채굴업체가 보유하고 있는 고성능 컴퓨터와 확인되지 않은 대량의 장비를 활용한 신호정보(SIGINT) 수집 및 특정 상황 발생 시 전파방해(Jamming) 등 스파이 활동이 가능한 위치이다.

　외국인 투자는 중요하지만 국가안보는 더 중요하다는 것이다.

불법수출을 적발하라 - 북한

불법수출을 적발하라 - 북한

북한은 최고인민회의(제14기 제7차 회의) 이틀째인 2022년 9월 8일 새로운 핵무력 정책(법률)을 채택하였다. 여기서 주목되는 것은 '핵무기 사용 조건'으로서 '지휘통제 체계가 위험에 처하는 경우 사전에 결정된 작전방안에 따라 핵 타격이 자동적으로 즉시에 단행된다.'고 규정된 점이다. 말하자면 김정은 국무위원회 위원장이 '참수작전(북한이 전면전쟁을 결단하기 전에 선제공격으로 의사결정 기관을 제거하기 위한 작전)'으로 제거되어도, 또한 북한의 지휘중추 자체가 직접 타격을 받고 약화되더라도 핵 공격 결정을 내릴 가능성을 시사한 것일 터이다.

이 정책 표명은 러시아의 우크라이나 침공과 북한에게는 미국의 '적대시 정책' 자체로 비치는 '최대 규모의 한미 합동 군사훈련 실시' 등 현재의 세계정세를 감안한 대내외 시위라고도 보인다.

혹시 그렇다 하더라도 핵이나 ICBM을 꺼내는 북한의 도발을 접할 때마다 생각나는 것이 있다. 그것은 그 연구·개발에 이용된 물자와 기술의 적지 않은 부분이 일본 국내의 조달 거점으로부터 보내진 것이라는 사실이다.

'만경봉 92'호

　나는 2004년 8월부터 2년간 경찰청 외사과장 시절 니가타에 입항하는 북한 화객선 '만경봉 92'호-일본은 당시 약어로 '만경'이라고 불렀다-를 자주 직접 시찰하였다. 내가 이 '현장'을 중시한 것은, 북한의 체제유지에 직결되는 사람·물건·돈·정보가 이 배로 빠져나가고 한편으로 이 배를 통해서 북한으로부터 일본인 납치를 포함한 비밀공작 지령이 내려졌다는 사실을 엄중하게 보고 있었기 때문이다.

　'만경'은 니가타 서항에 입항하기 직전 시나노가와 하구 쪽 앞바다에서 시간 조정을 위해 잠시 해상에서 대기하였다. 멀리 보이는 그 하얀 선체의 주위를 살펴보면 니가타 서항은 9·11 테러의 반성과 교훈으로 개정된 SOLAS 조약(The International Convention for the Safety of Life at Sea, 해상에서의 인명 안전을 위한 국제조약)에 따라 엄중하게 녹색 펜스가 둘러쳐져 있었다. 펜스는 테러 대책 목적만을 위한 것이 아님은 명확하였다.

　'만경'이 천천히 입항하여 부두에 옆으로 접안하면 건장한 갑판원이 해안 벽에 계류 케이블을 던지고 지상 작업원이 묵묵히 케이블 고리를 비트에 끼운다. 취할 것 같은 벙커C유의 배기가스 속에서 권양기가 작동되면 선체가 천천히 부두로 다가간다. 근처에 서 있는 니가타현경 외사과 요원의 표정에 긴장감이 서린다. 나는 이 입항 광경이 지금도 가끔 생각난다.

　'만경'은 일북 연락선으로서는 '삼지연호', '만경봉호'에 이어 세 번째이다. 진수는 1992년 김일성 국가주석의 산수(80세)를 기념하여 재일 조선인 총연합회(조총련)의 간부·유지들과 재일 조선상공인 '일꾼'-열성적인 조직간부·활동가-들이 기증하였다. 북한에 친족이 있는(실질적으로 인질로 잡혀있다고 해도 좋은) 재일 조선인 활동가들로서는 '김 왕조'를 위한 '충성의 징표'이기도 하였다.

2006년 여름에 일본이 발동한 대북 제재 조치로 입항이 금지되었지만, 그때까지는 원산과 니가타를 왕복하며 조선학교의 수학여행 학생과 재일 조선인 조국 방문자들의 발처럼 이용되었다. 1996년에는 『피스 보트』가 통째로 빌린 적도 있었다.

충성심을 얻기 위한 일본 제품

하지만 이 배에는 다른 측면이 있었다. 예를 들면 현금의 반출인데, 고액의 현금을 신고 한도액에 빠듯하게 채워 개인 수하물로 분산해서 가지고 나가 현지에서 회수한다. 약물 밀수에서 말하는 '샷건 방식'이다. 이런 수법이 사용되는 것 자체가 이 배가 조직적·불법적으로 북한 경제의 일부를 지탱하고 있다는 것을 보여주고 있었다.

배의 특성상 '만경' 입항 시 니가타현경은 물론 경시청의 외사경찰들도 파견되어 경계·감시에 임해왔다. 특히 신경을 쓴 것은 배에 출입하는 사람의 국적이나 직업·성별을 불문하고 인적사항을 확인하는 것이었다. 끈기가 필요한 일이지만 출입자를 정확하게 특정하는 것은 대북 정보업무로서 극히 중요한 일이었다.

외사과장 취임 전년인 2003년 전 조총련 간부 출신 남성(당시 72세)이 배 안에서 선장으로부터 한국에 대한 공작지령을 받았던 사건이 경시청에 적발되었다. 같은 해 6월에는 이란으로 향하는 미사일 관련 물자 불법수출 사건 수사에서 '제트 밀(로켓연료 제조와 핵 개발에 전용 가능한 초미세 분쇄 장치)' 등이 '만경'으로 북한에 실려 간 것이 판명되었다. 1998

년 경시청이 적발한 스쿠버용 고압산소통에 사용하는 더블밸브 대북 불법수출 사건에서는 수중의 특수활동에도 견딜 수 있는 밸브가 '만경'으로 반출되었다.

이 배와 관련되는 수많은 범죄……. 그것은 결국 북한의 물자 조달에 있어서 조총련과 '만경'이라고 하는 인프라와 수단이 갖춰진 일본이라는 거점의 사활적 중요성을 단적으로 보여주고 있었다.

나는 외사과장 시절 북한의 물자조달 경로와 북한에서 '일본 제품'이 가지는 의미, 현지의 소비실태 규명을 강력하게 추진하고 있었다. 본청 외사과 서고의 방대한 자료뿐만 아니라 전 지역 외사과에 요청해서 얻은 많은 정보를 모두 상세히 조사하여 각 지역 외사과와 인식을 공유하기도 하였다.

당연하지만 북한의 물자조달에 있어 중요한 것은 에너지나 핵·미사일 개발 관련 전략물자이다. 그 이외에도 북한이 원하는 물자는 하나하나 의의나 무게가 달랐다. 김정일 국방위원장과 그 가족의 건강이나 삶의 유지, 오락을 충실하게 해주는 보급품과 김 국방위원장이 충성심을 얻기 위해 측근과 유공자에게 내리는 하사품으로 사용되는 고급품-정권 말기에는 신축 아파트 1채를 주는 일도 있었다-으로는 품질이 좋은 일본·유럽산이 애용되었다는 것은 상상하기 어렵지 않다. 다음으로 평양 주민(200만~300만 명의 특권층)이 소비하는 식량·의류 같은 일용품이다. 당시 지도층에서 특권시민에 이르기까지 화장품이나 의약품·식량·의료·가전제품·자동차 같은 종류는 일본 제품을 가장 선호하고 있었다. 2000년대 중반까지 북한 지도부에 대한 물자조달은, 앞서 언급한 바와 같이 조총련과 대북 무역을 담당하는 재일 조선인이라는 인프라가 존재하고 있었기 때문에 일본이 그 중심축이었다.

외사경찰로서는 이를 방치할 수 없었다. 나는 불법수출의 인프라가 될 수 있는 조총련과 대북 무역상사의 동향에 관한 정보를 조용히 수집, 적발하고 실태규명을 위해 노력하기로 하였다.

그러한 가운데 외사과장 취임 2년째인 2005년 경시청 공안부의 적발을 계기로 조총련 산하조직『과협』이 북한의 무기연구와 관련해서 매우 활발하게 활동하고 있었던 실태가 밝혀지게 된다.

자위대의 반격 능력이 유출

『과협』의 정식 명칭은『재일본 조선인 과학기술협회』이다. 자연과학 연구자와 전문기술자 단체로서, 회원으로는 로켓엔진부터 핵 개발, 소재공학과 유기화학 등등 북한의 군사기술 발전에 필수적인 영역의 전문가가 많이 포함되어 있고 그중에는 도쿄대·교토대·도쿄공대 등의 대학과 대학원에서 고도의 연구를 거듭해 온 자들도 존재하였다. 예전부터 북한의 대량파괴 무기 연구개발에 관여하고 있는 것으로 여겨져 왔지만 활동 실태는 거의 베일에 가려져 있었다.

약사법 위반 혐의를 추적한 공안부는『과협』 간부 2명을 체포하고 그 간부가 경영하는 소프트웨어 회사를 가택수색한 결과 방위청(당시)의 미사일 관련 기술자료를 발견하였다.

자료에는 방위청이 연구해온 '03식 중거리 지대공 유도탄 시스템(中SAM)' 데이터 일부가 포함되어 있었다. SAM은 지대공 미사일을 의미하는 Surface-to-Air Missile의 약자다. 문자 그대로 공중으로 접근하는 전투기와 비행체 등을 지상에서 발사, 요격하는 미사일이다. 가택수색에서 발견된 것은 中SAM에 관한 자료로 표지에 '헤이세이 7년(1995년) 4월

20일'이라고 작성일이 기재되어 있었고 거기에는 中SAM이 목표를 요격할 수 있는 고도·거리·범위 등에 관한 데이터가 포함되어 있었다.

中SAM 도입을 검토해 온 방위청은 1993년부터 1995년에 걸쳐 『미쓰비시 전기』에 연구개발을 위탁하였다. 『미쓰비시 전기』는 연구에 관한 사내보고서 작성을 『미쓰비시 종합연구소』에 재위탁했는데, 『미쓰비시 종합연구소』는 관련 업무 일부를 또다시 외부에 위탁하였다. 이 위탁처가 『과협』 간부인 남성이 사장으로 있는 도쿄의 소프트웨어 회사였다. 소프트웨어 회사에서 압수한 자료는 방위청이 『미쓰비시 전기』에 위탁한 '장래 중거리 지대공 유도탄 시스템(中SAM)의 연구 시험작'이라고 제목이 달린 보고서의 도표와 여러 점이 일치하였다. 검증 결과, 자위대법상 기밀수준이 상당히 높은 것도 알게 되었다. 자료 유출로 인해 일본이 공격을 받을 경우 자위대의 반격 능력을 북한에 노출시키게 된 것이었다.

사건의 배경에는 당시 북한 지도부와 조총련의 아주 긴밀한 관계가 있었다. 그리고 『과협』은 북한의 군사과학 근간을 지탱하는 역할을 담당하고 있었다. 지금 말하는 ITT(Intangible Technology Transfer)의 핵심 조직이었다고 할 수 있다.

일본에서 북한으로 유출된 과학기술이 북한의 군사기술 향상에 악용되었고, 결과적으로 핵·미사일이 되어 일본을 위협하고 있다. 그야말로 중요기술의 유출이 국가의 안전보장에 직결됨을 증명하는 사건이었다. 일본이 입은 피해는 현재도 계속되고 있고 오히려 증폭되고 있을지도 모른다.

일본에 뿌리를 내린 북한의 조달 인프라가 암약하는 사건은 그 후로도 끊이지 않아 2006년 8월 10일 야마구치·시마네현 두 지역 경찰이 생물무기 제조에 전용 가능한 동결 건조기 불법수출을 적발하였다. 대북 무역을 담당하는 상사가 북한의 주문을 받아 국내 메이커에 대만 수출용이라고 속여서 발주하고 우회수출로 북한에 보냈다. 최종 고객이 생물무기 제조 관여 의혹이 있다고 해서 경제산업성의 유저 리스트로 규제되고 있는 『봉화진료소』(평양 보통강 구역. 김일성·김정일·김정은과 그 가족, 김정은이 인정한 특별한 인물만이 이용할 수 있는 고위간부 전용 병원. 2008년에는 김정일이 뇌수술을 받았고 2014년에는 김정은이 발목 수술을 받았다고 알려졌다)라는, 전형적인 적발 사례가 되었다.

핵실험이 커다란 전기

그러한 가운데 북한을 향한 불법수출 수사에 커다란 전기를 가져다준 것은 2006년 10월 9일 북한의 첫 핵실험이었다. 추정 출력은 0.5kt~1kt. 북한은 그로부터 11년 후인 2017년 9월에는 그 100배 이상으로 추정되는 160kt급 실험을 단행하게 된다.

2006년 당시 나는 외사경찰을 떠나서 제1차 「아베」 내각에서 위기관리·방위·지방자치 등을 담당하는 총리 비서관으로 근무하고 있었다.

북한 외무성은 실험 6일 전인 10월 3일 "과학연구 부문에서는 향후 안전성이 철저하게 보증된 핵실험을 하게 될 것이다."라고 예고하였다. 갑작스러운 실험은 아니었지만 일본의 안전보장 환경에 미치는 영향은 매우 심대하고 커다란 충격이었다.

나는 실험 당일 10시 반이 지나 총리대신 비서관실에 있었다.

"이 실험에 일본으로부터 반출된 물자와 기술·정보가 어느 정도 악용되고 있었는가?", "『과협』의 활동을 통해서 북한이 핵농축 기술에 다대한 관심을 가져온 것을 알고 있지 않았는가?", "왜 그것을 저지할 수 없었는가?" 나는 핵실험 성공을 보도하는 TV 화면을 보면서 자문자답을 반복하였다. 그런 생각을 계속하면서 총리 부재중 관저를 지키는 임무를 수행하기 위해 방한 중인 「아베」 총리에게 핵실험 1보를 보고하고 정부의 대처방침을 「시오자키 야스히사」 관방장관, 「안도 히로야스」 내각관방 부장관보와 함께 기안한 것을 기억하고 있다.

5일 후인 14일 핵실험에 따라 UN은 북한에 대한 사치품 및 무기 등의 수출을 금지한 안전보장 이사회 결의 제1718호를 채택한다. 일본도 여기에 따라 북한을 목적지로 하는 사치품 수출을 금지하고 제3국에서 북한으로 수출할 경우에도 똑같은 조치를 취하였다. 북한을 향한 불법수출 단속은 새로운 국면을 맞는다.

'집요함'은 최고의 미덕

2009년 4월 효고현 경찰본부장으로 부임하자 효고현경 외사과는 북한을 목적지로 한 불법수출 사안 규명에 총력을 기울이고 있었다.

효고현경은 전통적으로 외사 분야에 강하다. 특히 불법수출 사범에 대한 축적된 노하우가 있고 고베항을 끼고 있다는 지리적 이점, 관세·입국관리국 등 관계당국 간 긴밀한 연계로 당시 타의 추종을 불허하였다.

부임 후 얼마 되지 않아 「시이야 노리히사」 경비부장이 본부장실을 방문했다. 그는 간사이의 명문 나다고교를 졸업, 효고현 경찰로 근무하다 캄보디아 PKO에 참가하고 경찰청 외사과·국제 테러리즘 대책과에서 같이 근무하여 절친한 사이였다. 그는 새로운 본부장이 부임하자마자 무엇을 하고 싶어하는지를 잘 알고 있었을 것이다. "외사과가 조만간 북한을 향한 대형 유조차 불법수출 사건에 착수하겠습니다."라고 보고하였다. "이것을 돌파구로 사건을 어느 정도로 확대해 나갈 것인지가 최대의 과제다. '집요함'은 항상 수사기관에 있어서 최대의 미덕이니까." 내가 한 지시는 그것뿐이었다.

대형 유조차는 필요한 개조 후 탄도미사일 액체연료 운반에 이용할 가능성이 아주 높았다. 이 정도로 전략성이 높은 물자의 수출이 어떻게 가능한가?

현경 외사과는 교토부 마이즈루시의 중고차 판매회사『주식회사 모리타다다오』를 경영하는 한국 국적의 남성이 수출관리상의 우대국(당시 화이트국)인 한국을 경유해서 수출하려고 했다고 상세하게 특정하였다. 남성은 북한 소재의 상사『조선백호칠무역회사』로부터 이메일로 발주를 받아 고베 세관에는 규제대상이 아닌 한국이 목적지라고 허위 신고하고 일본산 대형 중고 유조차 2대를 수출하였다. 유조차는 한국에서 '통과화물'로 북한에 보내려고 했으나 부산 세관에서 신청이 각하되어 넘어가지는 않았다. 위협은 미연에 제거되었다.

사건은 전국 최초로 화이트국가를 경유해 북한으로 가는 불법수출을 적발한 것이었다. 현경 외사과의 끈질긴 추적은 계속되었다. 유조차 사건은 전체 구도의 극히 일부에 지나지 않았기 때문이다. 이 사건은《조총련과 재일 조선상공인 등이 조달하여 북한에 보낸다.》라는 종래의 단순한 불법수출이 아닌 것이 서서히 밝혀지게 된다.

현경 외사과는 유조차 사건 적발 다음 달인 2009년 6월 이 사건으로 이미 체포한 한국 국적의 남성을 피아노와 벤츠 등 사치품을 북한에 불법수출한 혐의로 재체포하였다. 같은 해 12월에는 오사카시의 무역회사『유한회사 스루스』의 경영자 등 2명을 북한을 대상으로 한 의류와 신발 등의 불법수출 혐의로 체포하였다.

'김 왕조'의 대규모 물자조달망

수사를 통해서, 북한 국가안전보위부(현 국가보위성) 관리하에 복수의 북한 기업이 주도하고 많은 페이퍼컴퍼니를 동원하는 물자조달 네트워크의 존재가 부각된다. 일본 외사경찰이 처음 알게되는 북한 특수기관이 관련된 '김 왕조'의 대규모 물자조달·공급망이었다. 네트워크의 정점에 자칭「엄광철」이라는 국가안전보위부의 간부가 군림하고 그 아래 ① 북한 소재의 발주처 ② 화물의 중계·우회 담당 ③ 일본 내 조달 담당이라는 기업군이 3층 구조의 피라미드를 형성하고 있었다.

유조차 사건으로 체포된 한국 국적의 남자가 경영하는 『(주)모리타다다오』나 일용품을 보내는 『(유)스루스』는 ③의 최하층으로, ②의 중간층 기업을 통해 ①의 계층인 북한 기업에 물자를 보내고 있었다. 또 엄광철 바로 아래에 해당하는 ①의 계층에는 이미 등장한 『조선백호칠무역회사(조선인민군 계열)』외에 '김 왕조'의 자금관리를 담당하는 주석궁 경리부 소속 『한라888』, 역시 '김 왕조'의 자금운용을 담당한다고 여겨졌던 『39호실』산하의 『능라도 무역』등 북한에서 매우 중요한 역할을 담당하는 기업이 모두 모여 있었다.

네트워크 정점에 군림하는 엄광철은 중국 다롄을 발판으로 폭넓게 활동하고 있었다. 현경 외사과는 엄광철이 다롄에서 북한 기업 『신흥무역』의 회장으로 선박대리회사 『다롄 글로벌』을 관리하면서 화려한 생활을 하고 있다는 사실을 파악하고 있었다.

왜 엄광철은 방치했는가?

여기서 큰 의문이 남는다. 북한 핵실험에는 당시부터 일관되게 비판적인 중국이 왜 다롄 내 북한의 대규모 유엔제재 위반 물자조달망을 묵인하고 있었는가? 중국은 2006년 10월 대북제재 결의에 동의하고, 그 후 5차례의 핵실험을 거쳐 2022년 5월에 제재안을 거부할 때까지 동조하는 자세를 취해왔다.

엄광철은 핵실험 이후에도 다롄에서 활발한 활동을 해왔다. 국가안전보위부 간부라는 특수한 직함이 중국에서 유효했던 것일까?

일본의 사치품·일용품 우회 통로가 된 ②의 계층인 기업『다롄 글로벌』은 그 후 일본 언론에서 주목받게 되었다. 2010년 6월에는 니혼TV 해설위원인「요코야마 다케노부」가『다롄 글로벌』사무실에 들어가 직원으로 보이는 남자에게 엄광철의 사진을 보여 주며 인터뷰를 시도하였다. 직원은 엄광철에 대해서는 "모른다.", 북한과의 거래에 대해서도 "모른다."라고 대답하였다.

한편 이 취재팀은 북한군 간부 출신인 탈북자와의 접촉에 성공하였다. 이 사람은 2006년 일본 제품 수출이 금지되면서 암거래 경로로 조달 루트가 바뀐 사실을 말하였다.

현경 외사과 조사로『(유)스루스』가 2006년 2월부터 2009년 3월 사이에 북한 측에 19회 불법수출을 한 사실이 드러났다. 물품은 피아노가 201대(총 약 2,000만 엔 상당), 벤츠가 22대(총 약 2,340만 엔 상당)에 달했다. 이 외에 약 600만 엔 상당의 주류도 보냈다. 이 농밀한 관계는 엄광철이 구축한 것이었다.『(유)스루스』는 2000년경 사업으로 알게 되어 거래관계가 되었지만 제재로 대북 수출이 금지되면서 도산된 후 제3자를 통해 북한에서 500만 엔을 송금받고 이것을 바탕으로 회사를 부활시켰다. 2008

년 봄 엄광철로부터 『다렌 글로벌』을 통한 우회 수출을 제안받고 직후에 약 1억 엔을 송금받았다.

　나는 이러한 경위를 밝히는 사이에 물자조달 임무를 부여받은 북한 특수기관의 집념과 기동력을 엿볼 수 있었다는 생각이 들었다.

　제재 발동으로부터 17년이 지난 현재, 북한의 물자조달망은 세계적으로 더 확대되어 엄광철 같은 특수조달 요원이 현재도 새로운 물자조달 루트 개척에 암약하고 있는 것을 상상하기는 어렵지 않다.

　현경 외사과는 이 수사로 밝힌 엄광철을 사령탑으로 하는 『다렌 글로벌』의 북한 물자조달망의 전모 개요를 2011년 11월 경찰청 외사과를 통해 UN 안보리의 북한 패널에 제공하였다.

　친분이 있던 미국의 「토마스 드니로」(가명) 전 한반도평화담당 대사에게 사안의 개요를 말할 기회가 있었다. 정보부문 출신인 「드니로」 전 대사는 그가 담당해온 다양한 북한과의 물자조달 메커니즘의 규명에 큰 관심을 보이고 "미스터 「기타무라」, 이것은 정말 대단해요!(That's Wonderful!)"라며 높이 평가해 주었다.

　나는 당시 효고현경 외사과장으로 있었던 「마스다 미키코」(현 경찰청 경비 제3과장)를 비롯해 이 수사에 참여한 모든 외사과 직원의 노고에 최대한의 찬사와 경의를 표하면서 "That's Wonderful!"의 기분을 공유하고 싶다.

　　전략물자 수출통제 체제는 국제평화 및 안전 유지를 위해 관련 국제협약을 기반으로 특정 국가에 대한 특정 물품이나 기술의 수출을 통제하는 것을 말한다. 우리나라에서도 전략물자에 대해서는 산업통상자원부 장관이나 관계부처 장관의 수출 허가를 받아야 한다(대외무역법 제19조). 국제 거래상의 과정에서 최종 구매자가 누구인지를 확인하는 것은 기업이나 일반 정부부처가 하기 힘든 일이어서 해외에서의 정보수집 능력과 외국 정보기관들과의 정보협력이 가능한 국가정보기관의 역할이 중요하다. 특히 전략물자 수출통제 체제는 국제협약에 따른 의무라서 지키지 않으면 국제적 제재를 받을 수 있는데도 기업 입장에서는 중요성을 잘 인식하지 못하는 경우가 많고, 알더라도 영업이익을 위해 몰래 수출하는 경우도 많다. 최근 들어서는 북한, 러시아 등 국제적 제재를 받는 국가들에 대한 수출금지도 중요한 문제로 대두되고 있다.

　　국제적 수출통제 체제는 다음과 같다.

1. 바세나르체제(WA): 재래식 무기와 이중용도 물품 및 기술 이전 통제
2. 핵공급국그룹(NSG): 원자력 관련 물자 및 기술의 이동 통제
3. 미사일기술통제체제(MTCR): 일정 수준 이상의 미사일 완제품과 부품, 기술 통제
4. 오스트레일리아그룹(AG): 생화학 무기 및 제조 장치 통제
5. 화학무기의 개발, 생산, 비축, 사용 금지 및 폐기에 관한 협약(CWC)
6. 세균무기(생물무기) 및 독소 무기의 개발, 생산, 비축 금지 및 폐기 협약(BWC)
7. 무기거래조약(ATT): 재래식 무기가 테러, 민간인 학살에 사용되지 못하게 통제

제6장

러시아의
신분세탁 스파이

러시아의 신분세탁 스파이

국가안보국장직을 그만두기 며칠 전인 2021년 7월 초순 나는 내각부 별관의 집무실에서 사물을 정리하고 있었다. '미니멀리즘'을 지향하던 터라 책상 위에는 오래된 목제 인감 케이스만 남아 있었다. 그 케이스는 어떤 사건의 해결에 대한 공으로 경시청 공안부 외사 제1과가 경찰청 장관상과 경시청 총감상을 수상한 기념품이다.

그것은 혐의 규명 기간이 1995년부터 2년 이상에 이른 러시아 스파이 사건인데 수법 면에서도, 시간적·지리적 규모 면에서도 전후 일본 외사경찰이 처리한 사건 중에 틀림없이 난이도 제1급의 작업이었다.

서방 정보기관의 극비정보

수사는 1995년 3월 23일 서방 정보기관으로부터 경찰청 외사과에 제공된 극비정보에서 시작되었다. 정보는 대강 다음과 같은 것이었다.

《「구로바 이치로」라는 일본 국민으로 위장한 러시아 연방 대외정보청(SVR)의 흑색 스파이(국적을 속이는 등 신분을 위장하여 입국해 스파이 활동을 하는 자)가 일본을 거점으로 군사정보 및 일본의 산업정보 등을 수집하는 첩보활동을 전개하고 있다는 정보가 있으므로 확인을 요청한다.》

제1보가 들어온 달 초, 나는 주프랑스 대사관에서 근무를 마치고 외사과 차석(이사관)으로 근무 중이었다.

차석의 본래 업무는 과장의 비서 같은 역할 외에 경비국 내외의 각 부국과 연락조정을 하거나 과내 서무 총괄부터 돌발사안 대응, 국장·과장의 특명사항 수행에 이르기까지 폭이 넓다. 그러나 당시의 주된 사무는 ① 3월 20일에 지하철 사린 사건을 일으킨 옴진리교와 러시아의 협력관계 실태규명 ② 지하철 사건 발생과 같은 날 루마니아에서 구속된 『동아시아 반일 무장전선 '대지의 송곳니'』의 요원 출신 「에키다 유키코」의 일본으로의 안전·조기 호송, 이렇게 2가지였다.

옴진리교의 러시아 커넥션 규명에서는 특별편성된 프로젝트 팀의 조정을 담당하였다. 「에키다」의 호송에 관해서는 대상자가 1974년 『미쓰이물산』 폭파 사건으로 체포된 후 1977년 다카 사건에서 「일본 적군」의 요구에 따라 초법적 조치로 풀려나 국외로 도주한 경위가 있어, 탈환 테러 등을 포함한 방해공작에도 신경을 쓰고 있었다.

추후 '「구로바」·「우드빈」 사건'이라고 불리게 된 이 사건의 제1보가 입수되었을 때 나는 외사과 사무실의 구석 자리에서 「옴」·「에키다」 두 공작에 관한 보고와 문의전화 대응에 정신이 없었다. 서방 기관의 정보를 전해온 것은 동맹국이나 동지국 치안·정보기관과의 연락조정을 담당하는 「스지 이치로」 과장보좌였는데, 당장은 믿기 어려운 내용이었다.

공작원은 조선계 러시아인

그 정보는 러시아의 공작기관이 일본에 보낸 스파이가 30년 전에 실종된 일본인으로 위장하여 국내외에서 공작활동을 전개하고 있다는 것이었다. 서방 정보기관은 이에 대한 상세한 실태규명과 정보의 피드백도 요청했다.

사안의 개요를 듣고 머리에 '신분세탁'이라는 말이 떠올랐다. 외사부문 이외에서는 경찰 내부에서도 많이 쓰이지 않고 알려지지도 않은 수사 용어가 널리 퍼진 것은 2002년 9월 북한 김정일 국방위원장이 일북 정상회담에서 일본인 납치를 인정·사죄하고 일본 언론에서 많이 사용되면서부터라고 생각한다. '신분세탁'은 당시 납치문제에 관심을 가진 사람들 사이에서 북한 공작원이 일본의 '진짜' 여권이나 운전면허증 등을 입수하여 국내외에서 일본인으로 위장하여 활동하는 수법으로, 납치를 감행하기 위한 인적 기반 정비와 거점 구축을 위한 유력한 수단으로 생각되어 왔다.

한편, 외사경찰에서는 스파이 수사에 관한 지식의 하나로서 '신분세탁'은 러시아가 소련 시절부터 서구에서 많이 사용해온 수법이었다는 것이 공유되고 있었다.

타인 행세를 한다는 행위의 성질상 얼굴 생김새나 체형이 다른 인종·민족으로의 '신분세탁'은 성립하기 어렵다. 러시아 스파이라고 하면 유럽풍의 용모를 가진 슬라브인이라는 선입견이 강했기 때문에 러시아에 의한 일본인 '신분세탁'이라는 말을 들었을 때, 나는 "그러한 것이 가능할까?"라는 의문을 가졌다. 그러나 얼마 지나지 않아 의문은 풀렸다. 일본인으로 위장한 것은 조선계 러시아인(고려인)이었기 때문이다.

소련·러시아와 긴 세월에 걸쳐 대치해 온 FBI(Federal Bureau of Investigation, 미국)나 MI5(Security Service, 영국)를 비롯한 서방 방첩기관은 일반 사회에 스며든 잠입공작원을 '흑색 스파이'로서 경계하고 있었다.

러시아는 과거에도 그리고 지금도 '흑색 스파이'를 각국에 보내고 있다. 2022년 4월에는 미국 존스 홉킨스 대학교 고등 국제문제 연구 대학원을 수료하고 국제형사재판소(ICC, International Criminal Court)에 채용된, 브라질 청년 행세를 한 러시아 연방군 참모본부 정보총국(GRU)의 스파이가 암스테르담 스키폴공항에서 체포되었다.

2차 대전 전에는 일본에서도 「리하르트 조르게」가 독일 국적을 가진 저널리스트 신분으로 소련의 스파이 활동을 했다. 어떤 수단이든 신분위장은 스파이에게 있어 상투적인 수단이기는 하지만, 실재 인물을 대신하는 '신분세탁' 사건의 수사가 이례적인 일이었던 것은 틀림없었다.

공작명 '시로하라'

내부 검토에서는 "정보를 파악한 경위 등을 상대측에 자세히 확인할 필요가 있다."라는 의견도 나왔다. 우리는 당초의 정보입수로부터 18일 후인 1995년 4월 10일 상대측 방일 파견단과 경찰청에서 협의를 하게 되었다.

상대측은 「구로바」가 도쿄도 내에 거점을 두고 아내와 살고 있으며 「구로바」에게는 주일 러시아대사관 SVR 기관원이 감시·지원을 담당하고 있다고 전해왔다. 또한 상대측은 정보의 신뢰도에 관한 평가 등도 알려줬다. 서방 정보기관이 거기까지 구체적으로 상세한 정보를 공유하는 것은 이례적인 일이었다.

첫 회의에서 상대방은 "공유한 사실이 귀국(일본 경찰청)에서 검증 가능한가?"라고 집요하게 확인해왔다. 그것은 확인이라기보다는 의뢰, 아니 절박한 요망·요구에 조금 더 가까웠다.

정보의 세계는 '기브&테이크'라고 한다. 본건은 상대방이 먼저 정보를 제공해준 경우라서 정보요구 기세도 강렬했다.

협의 결과는 즉시「고바야시 다케히토」외사과장과「스기타 가즈히로」경비국장에게 보고하였다. 이들로서도 당황스러운 이야기였을 것이다.「스기타」국장은 국장실 소파에 깊숙이 걸터앉아 자주 피우는 라크(LARK) 담배를 피우면서 생각에 잠긴 모습을 보였다. 여느 때처럼 서서히 옆으로 입을 오므리고 연기를 내뿜으며 나를 똑바로 응시하고 "본건은 자네가 직할사업으로 진행해 주게."라고 결단을 내렸다.

이 사건의 혐의 규명이 매우 중요하며 은밀성을 최대한 고려해야 한다는 판단을 내린 것이었다.

'형님' 관리관

'이사관 직할'이라고 하면 듣기는 좋지만 결국 내가 많은 사무를 스스로 처리하게 되었다. 고도의 비밀유지가 요구되기 때문에 정보에 접하는 인원수를 가능한 한 줄이는 한편, 신속한 작업 진행도 도모한다는 점에서 현장 적임자 검토를 시작하였다. 최종적으로는 경찰청에서 경시청 공안부 외사 제1과 관리관(서열 3위) 으로 파견 중인「하라 가즈야」(현 내각정보관)와 상담 후 작업을 진행하게 되었다.

1990년 경찰에 입문한「하라」관리관은 당시 외사 제1과에서는 고참 계장(경부)·주임(경부보)급에서 친근하게 '안쨩(*형님, 친형이나 젊은 남자를 친근하게 부르는 말) 관리관'이라고 불리고 있었는데, 고수들이 모인 수사팀을 꾸려 서방 정보기관이 보내온 정보 분석과 수사결과의 대조·검증 업무의 총괄로서 이 사건에 끝까지 관여하였다.

외사 제1과는「스기타」경비국장의 하명과 나의 구체적인 방침을 받아「하라」관리관의 지도하에 빠르게 작업팀을 꾸렸다.「구로바」가 아내와 사는 도쿄도 네리마구 소재 아파트와 그 주변에 대한 수사체제도 갖추었다. 그 체제는 2년 이상 계속되게 되는데, 당시 내부에서는 이를 예견한 사람은 아무도 없었다.

그런데 공안·외사경찰 세계에서는 수사나 실태규명 등 착수 시 안건에 암호명을 붙이는 관례가 있다. 관계자 사이에서만 통용되는 은어를 사용함으로써 정보유출 리스크를 억제하면서 소통의 효율을 노릴 수 있다. 본건에 대해서도 외사 제1과가 철새의 일종인 '시로하라'(*흰배지빠귀)-실제 암호명은 다른 새인데 여기서는 가명을 사용-로 명명한 후「하라」관리관이 "이사관님, 암호명은 '시로하라'로 정해졌습니다."라고 보고해 왔다. 그는 평소 과묵한 사람이지만 작업을 실제로 본궤도에 올렸다는 의기양양함이 느껴졌다.

시로하라를 포함해 참새목 딱새과에 속하는 철새들은 동아시아를 서식지로 삼고, 봄에서 가을에 걸쳐 중국 동북부나 러시아 연해 지방의 한랭지에서 둥지를 틀고 번식기가 끝나면 일본이나 한반도 등으로 남하하여 월동하는 종류가 많다.

그 암호명을 듣고 나는 매우 감탄하였다. 1968년 겨울 일본 도쿄에 '도래'한 후 장기간에 걸쳐 러시아·중국·일본 등 동아시아 일대를 무대로 하다가 본격적인 활동구역으로 건너온「구로바 이치로(黒羽 一郎)」의 움직임, 그리고 '날개(羽)'라는 글자도 겹치는 등 이 사건에 대한 은유로서 실로 딱 들어맞는 명명이라고 생각되었기 때문이다.

외사 제1과의 수사가 계속되던 중 정보를 제공한 서방 정보기관과의 연대도 심화되고 있었다. 협의는 4월 10일을 포함하여 그 달만 해도 3번 이상 이례적인 빈도로 열리고 있었다. 이 자체가 상대방이 이 공작에 큰 기대를 걸고 있음을 보여주는 것 같았다. 정보(인텔리전스)는 국가의 본질을 명백하게 보여주었다. 공산주의가 붕괴하여 소련에서 러시아로 이행되고 대외정보기관이 KGB에서 SVR로 개편되었어도 러시아의 국가적 본질은 조금도 변하지 않았다. 사건의 수사협력을 통해 서방 정보기관은 그 사실을 우리에게 강하게 전해주고 있었다. 이에 호응하듯이「하라」관리관은 경시청 본부로부터 옆 건물에 있는 경찰청 외사과 이사관인 나에게 여러 차례 보고하러 왔다.

그러나 철저한 감시·추적에도 불구하고 스파이 활동의 혐의규명 작업은 난항을 겪었다. 원인은 두 가지였는데, 먼저 제1 목표인「구로바」는 1995년 3월 정보제공 시점에서 이미 베이징으로 출국해, 다시 일본에 입국한 흔적을 확인하지 못했기 때문에 국내에서의 접촉대상자나 행선지 등에 관한 수사가 진전되지 못했다는 점이다. 그리고 집을 지키는 일본인 아내는 거의 외출하지 않았고 행동 범위도 한정적이었다는 점도 정보수집 성과가 저조한 요인이었다.

그러나 네리마 소재 아파트와 주변에 대한 꼼꼼한 감시와 추적은 큰 수확물을 얻었다.

'비늘이 보인' 순간을 포착

서방 정보기관으로부터 정보를 받은 지 딱 2개월 후인 1996년 2월 23일 여느 때처럼 내 자리로 찾아온 「하라」 관리관은 아파트 주변 감시 과정에서 촬영한 여러 장의 사진을 꺼낸 후 한 장의 남자 사진을 가리키며 그것이 「구로바」의 지원담당자라고 설명하였다. 사진은 은밀히 촬영된 것일 터였다. 어둠 속에서 가로등 불빛을 받고 있는 키가 크고 비쩍 마른 매부리코의 중년 남자 모습이 거기에 떡하니 찍혀 있었다. 해상도는 낮지만 그의 눈이 야행성 동물처럼 빛나고 있는 것을 알 수 있었다. 흑색 스파이 감시·지원담당자의 활동의 일부가 밝혀진 역사적 순간이었다.

물속 깊이 잠수해 있는 대어의 '비늘이 보였다.' 자연스럽게 그러한 말이 떠올랐다.

사진 속 남자는 「V.P. 우드빈」. 1996년 촬영 당시 50대 중반으로 주일 러시아대사관에서 1등서기관 타이틀을 가지고 있었으나, 실제로는 외교관 신분으로 위장한 SVR의 이른바 '오피셜 커버'(official cover, 공직 신분 가장)였다. 「우드빈」은 1965년 8월부터 1970년 12월까지 당시 주일 소련대사관 3등서기관으로 근무, 1977년 4월부터 1981년 10월까지 2등서기관으로 주재, 외사 제1과가 '비늘'을 포착한 당시에는 1등서기관으로 3번째 재임 중이었다.

외사 제1과의 수사를 통해 아파트 주변에서 「우드빈」은 자주 확인되었으나 「구로바」가 일본에 돌아올 움직임은 보이지 않고 국외에서의 동정도 파악하기 곤란하였다. 그런데 1997년 6월 「구로바」가 움직였다. 주 상트페테르부르크 일본총영사관에 여권을 갱신하러 나타난 것이었다. 또한 같은 해 2월에 「구로바」가 모스크바 교외에서 살고 있다는 것도 파악되면서 일본인 행세를 한「구로바」가 실재하는 것이 확인되었다. 외사 제1과는 이러한 상황을 바탕으로「구로바」를 여권법 위반혐의로 입건할 방침을 결정하였다.

데드 드롭(dead drop) 접선

1997년 7월 4일 가택수색을 하러 간 수사관들은 아파트 현관 앞에서「구로바」의 아내로부터 격렬한 저항을 당하였다. 문을 사이에 둔 공방 끝에 영장을 읽어주고 돌입한 실내에서는 충격적인 물품들이 발견되었다.

외사 제1과는 거기서 난수표, 환자표(換字表), 수신기(단파 라디오) 등 경찰청이 스파이(첩보) 사건이라고 단정하는, 이른바 '일곱 개의 도구'를 압수했다. 또한, 스파이가 입수한 정보 중에는 당시 일본의 전자 산업계가 세계에 자랑했던 최첨단 반도체에 관한 것, 카메라 렌즈 기능 향상에 관한 것, 주일 미군에 대한 것이 포함되어 있었다.

외사 제1과는 가택수색과 아내의 진술 등을 종합하여 일본 내「구로바」의 활동의 일부분을 파악하기 시작하였다.「구로바」는 이 아파트에서 단파 수신기를 사용하여 러시아 본국의 SVR 본부로부터 모스부호로 보내진 암호통신을 수신하고 환자표·난수표를 사용해 지령내용을 평문으로 해석하였다. 한편, 수집한 정보는 마이크로필름으로 촬영한 다음 매번 같은 탄산음료의 빈 캔에 넣어 '세타가야 하치만구'(*신사 이름) 내의 특정된 돌담 위, '철학당 공원'(*도쿄도 나카노구 소재 공원) 안 연못가 벤치 아래 중 어느 한쪽에 두면 러시아의 또 다른 스파이가 회수하는-이른바 '데드 드롭 접선'이라고 불리는-수법이 이용되었다는 것도 판명되었다.

외사 제1과는 또「구로바」의 스파이 활동에 대해 구체적 관여도 파악되었다며 같은 해 7월 17일 외무성을 통해 「우드빈」의 임의출두를 요청했으나 「우드빈」은 이에 응하지 않고 다음 날 급거 귀국하였다.

외사 제1과는 같은 해 7월 29일 「구로바 이치로」를 여권 부실기재 및 행사, 여권법 위반혐의로 체포영장을 발부하고 경찰청을 통해 국제형사경찰기구(ICPO, International Criminal Police Organization)에 국제수배(국제정보조회)를 요청했다. 2년 이상 밤낮을 가리지 않고 수사한 결과 조선계 러시아인에 의한 일본인 '신분세탁' 스파이 사건의 수사가 여기서 일단 종결되었다.

진짜 「구로바」는 어디로 사라졌나?

경시청 본부와 경찰청 청사가 있는 가스미가세키 사쿠라다 거리의 은행나무 가로수가 조금씩 물들기 시작한 1997년 10월이었다. 같은 해 7월의 보직이동으로 경비국을 떠나 경찰청 장관관방 총무과 기획관이 되었고 보통 공무원들과 마찬가지로 중앙부처 등 개혁을 담당하고 있던 내 책상 앞에 「하라」 관리관이 나타났다. '「구로바」·「우드빈」 사건'의 시작부터 마지막까지 「하라」 관리관은 일주일에 한두 번 정도 나에게 '시로하라' 관련 보고를 계속해 주었다. 「하라」 관리관은 평소의 고지식한 얼굴을 약간 숙이고 수줍은 듯 "기획관님, 이거 경시청이……."라며 상자를 내밀었다.

투명한 비닐에 싸인 인감 케이스였다. 열린 뚜껑 뒤에는 《「구로바」·「우드빈」 사건' 경찰청 장관상·경시총감상 수상기념 1997년 10월 경시청 공안부 외사 제1과》라고 새겨진 금속판이 빛나고 있었다. 표창은 외사 제1과에 대한 것으로 경찰청 외사과 이사관으로 있던 나는 물론 표창 대상자가 아니었다. 하지만 처음 '직할'로 맡은 스파이 사건이 이러한 형태로 기록되고 기억에 남는 것은 대외연락·교섭 담당관으로서 자랑스럽기도 하였다. 그러나 「구로바」·「우드빈」 사건'으로 훼손된 국익과 사회적 손실에 대해서, 혹은 그 스파이망의 진정한 목적에 대해 실제로 우리 외사경찰은 어디까지 규명이 가능한 것일까?

예를 들면 실종된 진짜 「구로바 이치로」에 관한 것이다. 수사결과, 후쿠시마현 니시시라카와군 야부키초에서 1930년 태어났고 그 후 치과기공사로서 생활하던 「구로바 이치로」라는 남성이 실재했던 것을 확인하였다. 「구로바」는 28세에 청각장애를 가진 여성과 동거를 시작하여 35세가 된 1965년 이 여성에게 "친구와 산에 간다."라고 수화로 전하고 집을 떠난 후 행방불명이 되었다. 「구로바」는 몸집이 작고 얌전한 성격이었다고 한다.

한편 1966년 겨울 도쿄에서 「구로바 이치로」라고 자칭하는 남자가 활동하고 있었던 것이 판명되었다. 1966년은 「구로바」의 감시·지원 담당으로 있던 「우드빈」이 최초 부임한 시기와 겹치는데 이것은 단순히 우연일까? 몸집이 작고 얌전한 「구로바」와 동그란 얼굴에 풍채가 좋은 비즈니스맨 스타일의 「구로바」가 동시에 존재함으로써 공작이 발각될 수도 있는 리스크에 KGB는 어떻게 대처한 것일까? 「구로바」는 러시아어 외 영어·스페인어를 유창하게 구사하고 보석 세일즈를 생업으로 삼았는데, 1969년 호적을 도쿄 시내로 분적, 신주쿠로 이주하였다.

분적은 새로운 호적을 창설하는 절차로 미혼이라면 그 후의 호적에 호주 자신에 관한 사항만 기재된다. 출신지나 가족관계 같은 진짜 「구로바 이치로」와 결부되는 과거를 지우기 위한 위장공작으로 보였다.

1975년 6살 연하의 여성과 결혼한 「구로바」는 나카노구의 아파트로 전입, 1985년 추후 외사 제1과의 가택수사를 받은 네리마구의 아파트로 이사하였다. 1969년 분적으로 나카노에 아파트를 구입하고 결혼 후 입주한 1975년까지 「구로바」는 도쿄도 내 회사 경영자 저택의 부재중 관리인을 맡고 있었다. 그리고 그 부지 내에 무단으로 작은 건물을 지어 파친코 기계 제조업을 시작하고 있었다.

「구로바」의 경제·사회 활동은 KGB 시대부터 SVR로의 이행기에는 소련·러시아의 정보기관이 지원한 것으로 보이지만 소련이 붕괴되는 1990년 전후의 국가적 혼란 기간에는 실체가 밝혀지지 않은 채로 있다. 그러나 그 후에도 수사에 진전이 없었고 외사 제1과는 2008년 8월 「구로바」를 국적·성명·연령 불상 상태로 검찰에 서류 송치, 사건은 많은 미해결 부분을 남긴 채 완전 종결되었다.

내가 외사경찰에 본격적으로 발을 들인 1995년 한신·아와지 대지진(고베 대지진), 옴진리교 지하철 사린 사건, 「구니마쓰 다카시」 경찰청 장관 총격 등 일본 경찰 역사상 보기 드문 사안이 많이 발생하였다. 그런 세상 속에서 은밀하게 소련·러시아의 장기간에 걸친 '신분세탁' 스파이 규명에 단서단계부터 관여했던 경험은 나의 개인사 속에 크게 자리잡고 있다.

> **해설6-1**   러시아의 흑색 스파이 Illegal

> 정보기관이 다른 나라에 스파이를 보내기 위해 주로 활용하는 방법은 외교관으로 위장하는 것이다. 비교적 활동이 자유롭고 체포되더라도 불체포 특권이 있어 처벌받지 않아 안전하기 때문이다. 하지만 주재국 방첩기관들도 이를 알고 있기 때문에 쉽게 신분이 노출되어 감시를 받을 수 있다는 단점이 있고, 임기를 마치면 복귀해야 하기 때문에 장기적이고 심도 있는 공작 활동도 불가능하다. 이를 극복하기 위한 방법이 비공직 가장(Non Official Cover)이다. 주로 상사원, 기자 등으로 신분을 위장하거나 아예 이민자 또

는 현지인 신분도용 등으로 국적을 취득하여 타깃 목표에 장기 암약하기도 한다. 외교관 면책 특권으로 보호되지 않기 때문에 체포될 경우 간첩죄로 처벌될 수 있어 위험성이 크고 가장신분 유지 및 백업 지원 등 공작업무 추진에 따른 어려움도 많아 서방 국가에서는 최소화하고 있으나, 구소련과 현재 러시아 정보기관은 공격적으로 활용하고 있다. 합법 신분이 아니라는 의미로 일리걸(Illegal)이라고 한다.

2010년 미국에서 체포된 러시아 스파이 안나 채프먼 등 10명 중 일부는 미국 국적을 취득하거나 이민자로 행세하며 10여 년간 미국 내에서 암약하였다. 본문에 언급된 국제형사재판소(ICC) 침투 스파이 세르게이 체르카소프도 러시아 군사정보국(GRU) 소속으로 2010년 브라질에 입국하여, 1993년에 이미 사망한 브라질 여성의 아들로 출생 신고서를 위조한 후 아일랜드계 브라질 남성인 빅토르 페레이라로 위장하여 살았다. 몇 년간 여행사 직원으로 근무하다 아일랜드 트리니티 칼리지 더블린 대학에서 학사 학위를 취득했고, 2018년 미국 명문대인 존스 홉킨스대 대학원에 입학했다. 입학 당시 체르카소프의 실제 나이는 33세였으나, 다른 학생들과 교수들에게는 20대 후반인 척 행세했던 것으로 알려졌다. 대학원에 다니면서도 미국 정계 동향 등을 수집하였으며, 늘 조사에 대비하여 자신의 가짜 신원 사항뿐 아니라 가짜로 만든 어릴 때 추억과 에피소드까지 포함된 4장짜리 가짜 인생을 반복하여 암기하였다고 한다. 2022년 4월 ICC의 인턴 직위를 획득하여 네덜란드에 입국하였다가 FBI의 통보를 받은 네덜란드 당국에 체포되었다. 당시 ICC는 우크라이나 수도 키이우 근처 부차에서 발생한 민간인 학살 등 러시아군의 전쟁 범죄 혐의에 대한 조사를 진행 중이었고, 이후 2023년 3월에는 푸틴 러시아 대통령에 대한 체포영장을 발부하기도 하였다. 러시아가 적대적 기관인 ICC에 스파이를 침투시키려고 한 이유이다.

해설 6-2 Dead Drop

스파이 활동은 주로 공작관(Case Officer)이 정보목표에 접근성이 좋은 공작원(Agent)을 포섭하여 임무를 부여하는 방식으로 이루어지는데, 이들이 직접 접촉할 경우 방첩 당국에 노출될 수 있으므로 다른 사람을 활용(유인 수수소)하거나, 특정한 장소에 물건을 숨겨두고 시간차를 이용하여 상대가 찾아가도록 하는 무인 수수소(Dead Drop, Dvoke)를 활용한다. 주로 정보가 담긴 서류, USB 등 저장매체, 공작금, 무기, 통신장비 등을 은밀하게 전달하는데 이용되며, 무인 포스트라고도 한다. 유사한 방법으로는 Brush Pass(스쳐 지나가며 물건을 전달), Car Drop(주차된 자동차의 열어둔 유리창을 통해 전달), Car Toss(옆에 정차한 차량의 유리창으로 전달) 등이 있다.

2021년 10월 미 해군에서 핵 추진 프로그램에 배속돼 일하던 기술자 조나단 토비와 그의 아내가 핵잠수함 설계 데이터를 브라질에 팔려고 시도하다 FBI의 위장 요원을 통한 방첩 공작에 적발되어 체포되었는데, 그들은 땅콩버터 샌드위치 안에 정보가 담긴 SD카드를 넣어 Dead Drop에 보관하고, 상대가 찾아가면 메일로 비밀번호를 알려주는 방법을 활용하였다. 당시 FBI는 브라질로부터 첩보를 입수하고 브라질 요원으로 위장하여 수차례 가상화폐를 전달하며 접근, 기밀자료를 입수한 후 체포하였는데, 미국 법이 함정수사를 인정하기 때문에 가능한 일이었다.

이처럼 은밀한 방법으로 진행되는 정보활동을 색출하고 차단해야 하는 정보기관의 방첩활동은 일반적인 범죄의 수사활동과는 달리 '정보기관에 대한 정보활동'으로 불리며, 특별한 수단과 노력이 필요하다. 특히 자국 내 방첩활동에는 홈그라운드의 이점을 살려 통신감청, 미행감시, 주거지 비밀수색, 몰래카메라 설치 등 다양한 방법이 동원되고 있다. 반면에 우리나라는 미국과 달리 위장 요원을 투입한 함정수사가 허용되지 않을 뿐 아니라, OECD 모든 국가에서 허용되고 있는 휴대폰 감청도 입법상의 불비로 허용되지 않고 있는 등 국가 방첩활동을 위한 제도와 법령이 미비한 실정이다.

이러한 상황은 적대 세력의 정보적 위협과 방첩활동의 중요성을 국민들이
제대로 인식하지 못하기 때문인 것으로 생각되며, 정보기관이 고유 업무 이
외에 교육, 홍보, 정보공유를 통해 국민들의 경각심(Awareness) 제고를 위
한 노력을 강화해야 할 것으로 보인다.

제7장

「푸틴」의
스파이와 공방

「푸틴」의 스파이와 공방

「아베」총리의 명을 받아 국가안보국장으로서 「블라디미르 푸틴」러시아 대통령과 회담한 2020년 1월 16일, 대통령 관저가 위치한 모스크바 근교의 노보-오가료보는 흐린 날씨에도 초봄의 온화함이 느껴졌다.

그곳의 1월 평균기온은 영하 6도 정도라고 들었는데, 그날은 영상 2도를 넘어 난방이 작동되는 호텔이나 승용차 안에서는 약간 땀이 날 정도였다.

나는 회담을 기다리는 동안 회담을 수락한 「푸틴」의 마음을 헤아리고 있었다. 정상외교에서는 '상습 지각자'라고 평가되는 「푸틴」이다. '정상커녕 각료도 아닌 인물과 만날 것인가?', '회담 직전에 갑자기 무산되는 것 아닌가?' 일본 관계자들 사이에서는 직전까지 의심과 우려의 목소리가 있었다.

그러나 「푸틴」은 이 회담에 반드시 나타난다. 나는 그렇게 확신하였다.

회담은 지난 해 국가안보국장의 카운터파트인 「니콜라이 파트루셰프」연방안전보장회의 서기가 일본을 방문했을 때 「아베」총리와 회담한 것에 대한 답례 성격이었다.

「파트루셰프」는 KGB 출신으로 총리대행에 임명된 「푸틴」을 대신하여 KGB 국내 부문의 후계 기관인 연방보안청(FSB) 장관을 맡은 인물로 「푸틴」의 최측근이었다.

「아베」총리가 구축한 「푸틴」과의 신뢰관계를 생각하면 답례로 추진된 회담의 의미는 가볍지 않았다.

「푸틴」은 볼펜으로…….

　대통령 관저의 주인은 예정보다 40분 정도 늦게 독특한 걸음걸이로 회의실에 모습을 나타냈다.

　나는 앞서 「푸틴」이 이 회담에 나타날 것이라 확신한다고 했다. 근거는 정보의 세계에서 살아온 자의 직감이라고밖에 말할 수 없지만, 당시 「푸틴」은 일러 평화조약교섭의 진전을 향해 「아베」 총리와의 정상회담을 진지하게 희망하고 있었기 때문에 총리의 대리인인 나와의 회담에 일정한 실익이 있다고 판단했을 것이다. 굳이 덧붙이자면, 회담 전주에 내가 「트럼프」 미국 대통령과 회담한 것도 「푸틴」에게는 나와 회담하는 인센티브가 되었을지도 모른다.

　2020년 1월 8일 나는 일본 국가안보국장으로 미국 대통령 집무실(Oval Room)에 있었다. 「트럼프」와의 회담은 문재인 정권하에서 극단적으로 악화된 한일관계의 얽힌 실타래를 풀어내기 위한 것으로, 절친인 「로버트 오브라이언」 국가안보 담당 대통령 보좌관이 주도한 조치였다. 미북 간 중개자 역할을 했던 한국의 국가안보실장 정의용도 동석하였다. 미국으로서는 2019년 2월 베트남 하노이 회담에서 결렬된 미북 프로세스를 어떻게든 타개하기 위해 한미일 연대와 결속을 과시하려는 생각이 있었을지도 모른다.

　「푸틴」은 첩보와 모략을 본질로 하는 소련 이래의 전통적인 통치사상을 KGB에서 익힌 데다, 경제이익 추구라는 실리주의를 겸비한 지도자이다. 일본 총리의 대리인인 「기타무라 시게루」라는 인물에 대한 보고서를 읽고 백그라운드 체크도 마쳤을 터였다.

　회담장에 착석하니 「푸틴」의 탁상에 회색 표지의 파일이 놓여 있었다. 나에 관한 기록일 것이었다. 경찰청 입문부터 외사과 이사관·외사과장·외사정보부장, 중국과 북한·러시아의 스파이를 감시하고 적발을 지휘·총괄해 온 이력이 기재되어 있음이 틀림없었다.

머리 한구석에 그런 생각을 하면서 「푸틴」의 손을 보자 비치된 볼펜 끝을 노트패드 위에서 부드럽게 움직이고 있었다. 마치 러시아 출신 화가 「바실리 칸딘스키」의 그림과 같은 모양의 직선, 곡선이나 원을 그리기도 하고 그것을 칠하면서 가지고 노는 것이 버릇인 것 같다. 「푸틴」의 인간적인 면을 보았지만 어쩌면 일부러 그런 면을 보였을지도 모른다.

「푸틴」의 인심 장악술

통역을 포함하여 약 40분간 진행된 회담에 관한 상세내용을 밝힐 수는 없지만 2020년 2월 10일자 산케이뉴스는 다음과 같이 전하였다.

《푸틴이 "「아베」 총리에게 아무쪼록 안부를 전해 달라. (일러 정상회담을) 언제 어디서 할지 의논하고 싶다."라고 하였다. 또한 「기타무라」는 "일러 간 전략적 연대를 강화하고 상호 신뢰할 수 있는 파트너 관계를 목표로 한다."라고 밝혔다.》

회담은 시종 부드러운 분위기로 일관했으며 악수를 마치고 방을 나갈 때 「푸틴」은 이런 말을 건네왔다.

"같은 업종의 동료죠, 당신은."

나는 「푸틴」이 나를 어떻게 보고 있는지 이 회담에 무엇을 요구하고 있었는지를 이해하였다. 심중을 보여주는 듯한 말에는 「푸틴」의 인간관과 인심 장악술이 응축되어 있었다.

정보 제공자나 특정 국가, 조직의 정책, 방침에 영향력을 행사할 수 있는 협조자를 획득하고 운용하는 기관원을 '공작관(case officer)'이라 하는데 회담장에서 「푸틴」이 바로 공작 상대방에 대한 프로페셔널한 방법을 사용하였다. 헤어질 때쯤 일부러 "당신은 같은 업종의 동료죠."라는 그 한마디를 꺼내는 센스를 가진 「푸틴」은 대통령이면서 동시에 여전히 한 명의 공작관이기도 하였다.

경찰로서 수많은 사건의 '스파이 캐쳐(spy catcher)'를 총괄한 이후 내각정보관으로서 '기밀정보'를 담당했고, 지금은 국가안보국장직을 맡고 있는 남자가 일본 총리의 대리인으로서 눈앞에 있다. KGB 공작관의 눈에 나는 이국의 '동업자'로서 어떻게 비쳐졌을까?

회담을 마치니 관저 주위는 칠흑 같은 어둠으로 뒤덮여 있었다. 세르메체보공항으로 향하는 차창으로 비가 마구 내리쳤다. 일본의 방첩기관(외사경찰)이 적발해 온 수많은 러시아 스파이 사건이 뇌리를 스쳐 지나갔다. 그것은 2005년 가을 경시청 공안부가 적발한 사건이었다.

SVR 스파이의 수법

2004년 4월 지바시 '마쿠하리 멧세(*대형 전시장 이름)'는 메인 국제전시장만으로도 54,000㎡ 공간을 가진 일본 최대급의 복합 컨벤션센터인데 여기에서 열리는 전자기기 전시회의 한구석에서 서구인 풍의 남자가 움직였다.

"이탈리아 사람이고 이름은 「바하」입니다."

출품기업의 하나인 『도시바』 계열 자회사 부스에서 이렇게 자기소개를 한 남자는 제품 설명을 맡은 남성 사원에게 "경영 컨설턴트로서 일본에 진출하는 데 도움을 받고 싶다."라고 접근, 빠르게 관계를 구축했다. 도쿄도 내 음식점 등에서 거듭된 접촉은 다음 해인 2005년 초여름까지 수십회에 이르렀다. 사원은 「바하」에게 영업비밀을 누설할 정도까지 되어버렸다.

그러나 「바하」에게는 사원에게 숨기는 다른 얼굴이 있었다. 바로 러시아 연방 대외정보청(SVR)의 스파이 「블라디미르 사베리예프」, 이것이 사내의 정체였다. 「사베리예프」는 일본 입국·체류 시 일러 무역의 발전 등을 담당하는 주일 러시아 연방 통상대표부원이라는 공적 신분을 가장한 오피셜 커버였다.

사실 통상대표부에는 오피셜 커버가 많이 소속되어 있었다. 외사경찰의 과거 적발사례도 적지 않아 경제산업성과 관련업계 단체는 제조업체 등에 대해 '러시아 통상대표부'에 관한 경종을 울려왔다. 국적이나 직업을 속여서 접근한 것도 대상목표가 경계심을 품지 않게 하기 위해서였다.

SVR 스파이는 공작원 획득 초기에는 인터넷에서도 손쉽게 입수 가능한 공개정보를 요구한다. 이것은 대상자에게 안심감을 주기 위해서다. 그 다음에는 열람자가 한정된 비공개 정보를 요구하고 소액의 금품을 준다. 대상자는 이 단계에서 "나는 상대에게 필요한 존재다."라는 '승인 욕구의 함정'에 빠져버린다. 그리고 점차 '밀회'를 거듭하는 가운데 기밀자료의 대가로 비교적 고액의 현금-많은 경우 1회 10만 엔 정도-을 전달하게 된다. 이 단계까지 오게 되면 대상자는 돈과 승인 욕구의 충족을 통해 스파이에게 경제적·정신적으로 의존하게 되어버린다. 「사베리예프」의 수법도 거의 이 SVR 스파이의 '정석'을 따르고 있었다.

공작원이 된 사원은 「사베리예프」의 요구를 만족시키기 위해 대담하게도 회사 노트북을 사외로 들고나와 목표정보를 USB에 복사해 주고 있었다.

러시아 스파이의 탐욕

이 사건으로 「사베리예프」가 사원에게 지불한 사례는 총액 100만 엔 정도였다. 또한, 「사베리예프」는 사원이 근무하는 기업의 사내 네트워크 침입 방법에까지 관심을 드러냈다. 이 정보가 누설되었다면 해당 기업이 사이버 공격의 타깃이 되었을 것은 의심의 여지가 없었다. 러시아 스파이의 탐욕스러운 정보수집과 위험한 본질에 전율할 뿐이었다.

이 사건에서 누설된 정보는 파워 반도체에 관한 기술정보였다. 기술 유출에 관한 수사에서는 피해상황 파악을 위해 해당 누설정보에 관한 제품의 스펙(성능 및 사양)과 기술 그 자체의 유용성에 대해 유출기업에 확인하였다. 유출기업은 관리책임 회피나 처벌 감면을 위해 성능을 낮게 설명하는 일이 많은데 이 사건도 그 예에서 벗어나지 않았다.

러시아 측으로 유출된 것은 전류를 제어하는 반도체 소자에 관한 정보로 민생품에 사용되는 기술인데, 유출기업은 "고객에게 설명하기 위한 자료이고 군사 전용할 수 있는 수준은 아니다."라고 주장하였다. 그러나 실제로는 잠수함이나 전투기 레이더·미사일 유도 시스템으로 전용이 가능한 '듀얼 유스(Dual Use, 이중 용도)'라는 결론을 얻었다.

일본의 안전이 고작 100만 엔 정도에 팔려나갔다. 러시아로서는 정말 값싼 쇼핑이다. 일본은 경제안전보장이라는, 피를 흘리지 않는 또 하나의 전쟁터에서 패배를 당한 것이었다.

스파이 사건 수사는 단서 포착부터 감시, 채증, 착수를 위한 검찰·경제산업성 등 관계기관과의 연계나 여러 장애물을 완전하고 은밀하게 극복해 나갔다. 극도로 섬세한 작업 뒤에 다가오는 가장 중요한 장면은 스파이와 공작원의 접선 현장을 포착, 임의동행을 요구하는 순간이었다.

스파이의 '악몽의 순간'

2000년 9월 7일 외사경찰은 그때를 맞이하고 있었다.

도쿄 하마마쓰쵸에 있는 서양식 이자카야 한쪽에서 해상자위대 3등해좌(소령)와 유럽인 사이에 정보자료와 현금봉투가 교환되는 순간, 두 사람에게 그림자처럼 접근한 수사관이 말을 걸자 목요일 밤의 가게 안 분위기가 완전히 바뀌었다. 종업원이나 취객으로 가장한 경시청 공안부 외사 제1과와 가나가와현경 외사과의 요원들은 즉시 경찰임을 고지하고 피의자 주위를 에워쌌다. 유럽인의 이름은「빅토르 보가텐코프」. 주일 러시아대사관 소속 해군무관(대령)으로 가장하고 있었지만 실제로는 러시아 연방 군 참모본부 정보총국(GRU)의 기관원이었다. 그는 해상자위대 소령을 포섭, 자위대의 비밀문서 등을 입수하고 있었다.

「보가텐코프」는 경찰의 직무질문 요구에 묵비권을 행사했다. 그저 외교관 신분증을 제시하면서 임의동행을 거부하고 러시아 대사관이 보낸 차량으로 그 자리를 떠났으며 결국 이틀 뒤 항공편으로 귀국해버렸다. 공작원 접선 현장을 제압당한 후 경찰로부터 임의동행을 요구받고 언론의 카메라 대열 앞에서 세상에 얼굴을 드러내며 귀국하는 결말은, 아무리 태연한 척하더라도 스파이에게는 '악몽'의 순간이었을 것이다.

반면, 외사경찰에게 이러한 순간은 밤낮을 가리지 않고 장기간에 걸친 어려운 수사를 통해 얻을 수 있는 이상적 결말이다. 다만, 장애물이 많기 때문에 쉽게 이루지 못하는 '꿈의 과실'이기도 하다.

「보가텐코프」사건 이후 5년 동안 외사 제1과는 미국의 공여로 항공자위대가 운용하고 있던 사이드와인더 미사일의 '시커(목표 확인·추적장치) 부분'에 관한 매뉴얼 등의 입수를 시도한 GRU 스파이「알렉세이 세르코노고프」를 도쿄지검에 서류 송치했지만, 그것은 당사자가 귀국한 후 2년이나 지난 후의 일이었다. 외사 제1과는 스파이에게 '악몽의 순간'을 맛보게 하는 성과를 추가로 올리지 못하고 있었다.

"외사 제1과는 존망의 위기"

장기간에 걸친 뒷조사를 통해 축적한 증거들이 도쿄지검으로부터 받아들여지지 않아 사건으로 성립되지 않는 케이스도 있었다.

경시청 공안부에는 '외사는 1년에 한 건'이라는 말이 있을 정도로 1년에 한 번 사회에 임팩트를 주는 사건을 처리한다는 불문율이 있는 가운데, "외1(외사 제1과)은 존망의 위기로구나."라고 자조하듯 말하는 현장 간부도 있었다. 수사관 전원에게도 좌절감이 앙금처럼 쌓여 있었다. 그렇기 때문에 나를 비롯해 외사경찰, 특히 대러시아 방첩을 담당하는 경시청 외사 제1과의 스파이 캐쳐(방첩관)들에게 「사베리예프」 사건은 사냥개의 본능을 일깨우는 것이었다.

그러나 수사는 '정치 일정' 때문에 우여곡절을 겪게 되었다.

2005년은 '러일 수호 150주년'이라는 특별한 해였다. 일본에서는 전년도부터 분위기를 북돋우기 위해 지방자치단체와 경제단체까지 '러일 수호 150주년'을 축하하고 기념하는 행사가 줄을 이었다.

「푸틴」은 2004년 러시아 연방 대선에서 70% 이상의 압도적인 득표율로 재선되었다. 러시아의 혼란을 수습하고 실리주의로 국가를 주도해온 「푸틴」 대통령의 지도력과 '경제개발'을 향한 의욕을 지켜본 일본 정계·경제계에는 러시아의 변화를 이끌고 있는 「푸틴」 대통령에 대해, 경계보다도 기대감이 확산되기 시작하였다.

'외교관계'와의 줄다리기

「사베리예프」 사건의 움직임이 분주해진 2004년 가을부터 이듬해 1월에 걸쳐 경시청 외사 제1과장 「도미나가 에이지」가 경찰청 외사과를 방문하는 횟수가 많아졌다.

통상적인 보고라면 경시청 외사 제1과 사건담당 관리관이 경찰청 외사과의 러시아 담당 과장보좌를 찾아갔는데, 2005년이 되자 경찰청 외사과장이던 내가 직접 「도미나가」 과장으로부터 수사 진척에 대해서 상세하게 보고를 받고 상관인 「세가와 가쓰히사」 경비국장에게 보고하게 되었다. 보고 과정에서 「세가와」 국장은 자주 자신의 외사 제1과 관리관 시절의 체험담을 들려주기도 하였다.

과제는 수사 착수를 둘러싼 '외교관계'와의 줄다리기였다.

외사 제1과는 수사정보의 축적과 분석을 통해 「사베리예프」에게 '악몽의 순간'을 가져다 줄 X-데이를 3월 모일로 정했으나, 이 X-데이를 앞두고 「사베리예프」는 일시 귀국하여 행방을 감추고 만다. 내 수첩에는 이날에 '(경시청 관계) 연기'라는 한 줄이 적혀 있다.

X-데이를 놓고 검토가 계속되는 가운데 「사베리예프」가 6월에 이임, 귀국한다는 정보가 들어왔다. 마지막 기회가 된 6월 초 목요일을 위해 신중하고 담담하게 준비를 계속했는데……. 수첩의 6월 10일 난에 나는 이렇게 적었다. 《12:10, AFL576》. 「사베리예프」는 '악몽의 순간'을 맛보지 못하고 같은 날 정오쯤 에어로플로트기(機)로 일본을 떠나 모스크바로 향했다.

실망과 낙담의 시간을 보낼 틈이 없었다. 외사경찰은 「사베리예프」에게 공작원으로 포섭·육성되어 안보에 직결되는 중요 정보를 누설한 『도시바』계열 자회사의 사원에 대한 형사처분을 위한 수사를 계속하였다.

그해 8월의 인사에서 「세가와」 경비국장이 용퇴하였다. 나에게는 약간 갑작스러운 인사처럼 보였다. 후임으로는 과거 외사과장·경비기획과장으로 모셨던 「고바야시 다케히토」가 부임하였다. 「고바야시」 경비국장은 수많은 공안·외사사건을 지휘해 온 태연자약한 인물로 어떤 정세에서도 수사에는 최선을 다하라고 항상 격려해주었다. 또 외사경찰에 이해가 깊은 「우루마」 경찰청 장관도 담담하면서도 열의를 가지고 내 보고를 수용해주었다.

「푸틴」 방일 직전에 검찰 송치

2005년 11월 21일, 방일 중에 「푸틴」 대통령은 「고이즈미 준이치로」 총리와의 정상회담에서 웃는 모습을 보였다.

회담에서는 2003년 「고이즈미」 총리와 「푸틴」 대통령이 채택한 '일러 행동계획'에 의한 협력강화와 북방영토 문제, 전략적 대화의 개시부터 납치 문제 협력까지 9개 항목의 확인·합의가 이루어졌다. 특히 '실리주의자'인 「푸틴」 대통령에 대한 경제계의 기대가 커서 경제·무역과 에너지 분야 협력은 눈길을 끄는 것이었다.

당시 회담결과의 개요를 보면 일본의 「푸틴」 체제하 '신생 러시아'에 대한 기대치가 크다는 것을 엿볼 수 있다.

《두 정상은 일러 간 무역량이 확대되는 것을(올해 100억 달러를 돌파할 전망) 환영하였다. 두 정상은 러시아의 WTO 가입에 관한 일러 양국 간 교섭의 타결을 확인하였다.》

《두 정상은 태평양 파이프라인 프로젝트의 조기·완전 실현을 위한 일러 협력에 대해 내년 가능한 한 이른 시기 안에 정부 간의 합의를 이루기로 의견이 일치하였다. 이 내용을 담은 에너지 협력 관련문서를 「아소」 외무대신·「니카이」 경제산업대신과 「흐리스텐코」 산업에너지장관이 서명하였다.》

경시청 외사 제1과는 2005년 9월 12일 『도시바』 계열 자회사 사원을 조사하였다. 이 사원은 「사베리예프」의 요청에 따라 회사의 비밀정보를 제공한 사실을 인정하였다. 그리고 10월 20일 외사 제1과는 해당 사원의 소속 회사에 손해를 끼친 배임사건 피의자로 「사베리예프」를 도쿄지검에 서류 송치하였다. 이는 일러 정상회담차 「푸틴」이 방일하기 딱 한 달 전의 일이었다. 외교에 미치는 영향을 최소화하는 한편으로 일본은 스파이 활동을 철저히 감시하고 용서하지 않겠다는 의지의 표시이기도 하였다.

굶주린 한 마리 사냥개

공작관 출신으로 대통령이 되었던 「푸틴」의 눈에, 일본에서 암약하던 SVR 스파이가 자신의 방일 한 달 전에 적발된 「사베리예프」 사건은 어떻게 보였을까? 그것은 스파이 적발을 통한 러시아에 대한 견제, 즉 일러 정상회담을 앞둔 국가 간 힘겨루기의 일환으로만 보였을까?

2020년 1월 대통령 관저 회담을 위한 사전정보 확인 때 「푸틴」은 「사베리예프」 사건 당시 일본 외사경찰의 요직을 맡고 있던 나와의 대면을 앞두고 어떠한 생각을 했을까? 나는 「푸틴」 대통령 회담 후 사건의 전말을 되새겨 보았다.

당시 나는 먹이감을 노리는 한 마리의 굶주린 사냥개였다. 미숙함 때문일 수도 있겠지만 오로지 스파이 검거에만 혈안이 되어 있었다.

그런 가운데「푸틴」대통령 방일과 일러 정상회담이라는 매우 큰 외교 과제를 앞두고도 수사를 관철시켰던 상관의 수사지휘에 대한 높은 식견과 강한 의지에 대해 다시 한번 이 자리를 빌어 심심한 경의를 표한다.

해설 7 보가텐코프 스파이 사건

2000년 9월 7일 발생한 스파이 사건으로, 주일 무관으로 근무하던 러시아 군사 정보기관(GRU) 소속 보가텐코프 대령이 일본 해상자위대 하기사키 시게히로 삼좌(소령)를 포섭하여 일본 해상자위대와 주일 미군의 정보를 수집하다 일본 경찰에 발각된 사건이다. 일본 당국은 하기사키 소령이 무기 성능과 레이더 도달 거리 등 군사기밀 내용이 담긴 함정운영 교범 등 10여 건의 군사기밀을 보가텐코프에게 넘긴 것으로 확인하였고, 그가 함정근무 때는 물론 히로시마현 제1잠수함 사령부 근무 시절 미일 공동훈련에 참가한 경력이 있어 미 해군의 암호체계와 잠수함 정보까지 유출되었을 가능성이 큰 것으로 추정하였다. 자택 압수수색에서도 여러 국가의 군사정보와 잠수함 관련 정보 등 많은 군사기밀이 발견되어 복사본이 보가텐코프에게 전달되었을 것으로 알려졌다. 당시 일본 경찰은 선술집에서 만나 돈을 주고받는 이들을 현장에서 체포하였고, 보가텐코프는 외교관 면책 특권을 주장하며 현장을 빠져나가 이틀 후 러시아로 복귀하였다.

이 사건은 일본 경찰의 평소 방첩 대상자에 대한 체계적인 정보수집과 광범위하고 입체적인 감시 능력을 보여준 대표적인 방첩활동 성공 사례로 알려져 있다. 방첩은 적의 정보활동을 찾아내고, 무력화시키며, 역이용하는 공작적 정보활동에 해당하며 현장 감시활동이 중요한데, 분석을 전문으로 하는 내각정보조사실 이외 공작활동을 수행하는 별도 국가정보기관을 갖고 있지 않은 일본에서는 이례적으로 경찰이 방첩업무를 담당하고 있다. 경찰은 기관의 특성상 고도의 비밀활동이 불가능하고 장기적인 공작업무 수행에는 적합하지 않으나, 방대한 조직과 세밀한 신경망을 갖추고 있어 광범위하고 다양한 수단을 통한 첩보 수집과 시스템화된 감시체계 운용이 가능하다는 장점이 있다. 이를 잘 활용하여 첩보 수집과 체계적 감시에 성공한 사례가 보가텐코프 사건이다.

우리나라에서는 아직도 방첩기관이 경찰의 방범용 CCTV나 행정기관 보유 개인정보 등을 제대로 활용하지 못하는 등 법적, 제도적 제약요인이 많은 편이다. 효율적인 방첩활동을 위해서는 기관 간의 협력과 정보공유가 필요하며, 적대 세력의 정보적 위협에 대한 국민들의 경각심을 바탕으로 한 제보와 협조가 무엇보다도 중요하다.

제8장

3·11 후쿠시마
제1원전 사고
관련 미일 협력

제8장

3·11 후쿠시마 제1원전 사고
관련 미일 협력

2011년 3월 11일 오후 2시 46분.

경찰청이 들어선 중앙합동청사 2호관이 크게 휘어지듯 흔들렸다. 20층 외사정보부장실의 벽과 선반에서 각국의 치안·정보기관으로부터 받은 수십 개의 기념패가 모두 바닥으로 던져지듯 떨어졌다. 내가 겪은 동일본 대지진 발생 순간이었다.

나선형 계단을 뛰어올라가 21층 상황실에 도착하자 이미 경찰청 종합대책실이 설치되어 재해 발생 직후의 어수선한 분위기가 실내를 뒤덮고 있었다.

그리고 56분 후인 오후 3시 42분 『도쿄전력』 후쿠시마 제1원자력발전소의 1호기부터 4호기까지 모두 '교류전원 상실'이라는 1보가 들어왔다. 현실로 다가올 최악의 사태가 대책실 내부에 어두운 그림자를 드리우고 있었다.

지진으로 인한 원전사고 발생 다음 해인 2012년 2월, 추후 우리의 정보교환·협의의 카운터파트가 되는 미국 원자력규제위원회(NRC, Nuclear Regulatory Commission)는 재해 당시에 진행된 전화협의 상황을 공개하였다. 거기에는 재해 발생 시작부터 정보 부족에 대한 강한 조바심이 가득 차 있었다.

NRC 직원 "······정보가 너무 적다. 우리 견해로는 발전소에서 최악의 손상이 일어나기 시작할 것이다. 아마 빠르면 한밤중(미국 동부시간)일지도 모른다."

「그레고리 야쓰코」 NRC 위원장 "근거를 입증할 수 있는가?"

NRC 직원 "사고 정보는 통신사의 보도를 바탕으로 한 것이다. 『GE(제너럴 일렉트릭, 후쿠시마 제1원전의 비등수형 원자로(BWR) 제조회사)』도 우리보다 더 많은 정보는 없을 것으로 생각한다."

「그레고리 야쓰코」NRC 위원장 "커뮤니케이션 오류다. 정보가 들어오면 기록해두어야 한다. 그래야 뭘 알고 모르는지 바로 확인할 수 있다. 그리고 정보공유를 신속하게 해야 한다."

미국 측은 일본 정부의 불충분한 정보제공에 초조해하고 있었다. 당시 미국의 일본 정부에 대한 불신은 심각한 수준에 이르렀다. 원인 중 하나로는 일본 쪽이 '정보'의 수집·활용에 실패한 것을 들 수 있었다.

「간 나오토」민주당 정권은 재해 발생 당초 '정보'를 무기로서 이용하지 못했고 오히려 잘못된 정보에 휘둘리며 초조한 나머지 우왕좌왕하고 있었다. 전쟁이든 재난이든 긴급 사태 시에 국가와 국민의 명운을 가르는 것은 '정보력'이라는 사실을 재확인할 수 있는 일화다.

미일 신뢰관계를 재구축

국가나 사회를 뒤흔들고 역사의 전환점이 될만한 긴급사태 시에는 특정 조직이나 개인이 전혀 예상하지 못했던 역할을 떠맡게 되는 경우가 있다. 동일본 대지진이 일으킨 원자력 재해 당시 내가 부장을 맡고 있던 경찰청 외사정보부가 바로 그렇다.

지진이나 해일 같은 중대재해 발생 시에 경찰에 요구되는 역할에는 이재민 수색·구조·운송, 피난소나 재해지역의 범죄 억제와 교통통제, 그리고 목숨을 잃은 분들의 검시와 신원확인·인도 등이 있다. 평소 외국 스파이의 감시·단속이나 국제테러 방지·검거 등을 임무로 하는 외사경찰 총괄조직인 외사정보부가 관여할 수 있는 영역은 거의 없어 보이기도 하였다. 2011년 3월 11일 동일본 대지진 때문에 일어난 『도쿄전력』후쿠시마 제1원전의 사고가 어떠한 역할을, 어떠한 이유로 외사정보부에 부여했을까? 그 경위에 대해서는 다소간의 설명이 필요하다.

이 사안에서 외사정보부가 담당한 것은 평소 구축해둔 미국 카운터파트와의 협력관계를 축으로 하는 정보를 활용하여 붕괴될 뻔한 양국의 신뢰관계를 재구축하는 것이었다. 최종적으로 일본 정부는 파견된 NRC 고위관료와 정보공유의 틀을 만들었는데 그 개설에는 외사정보부와 미국 측의 정보라인이 깊이 관여하였다.

그 배경을 보면 당시 일본에는 원자력 재해 발생 시 정보를 일원적으로 집약·분석하는 기구가 없었던 점이다. 또한, 일본 정부에는 지진 발생 당시 미국을 비롯한 동맹·동지 국가들과 재해정보를 공유하고 유효한 견해를 입수하는 체계도 존재하지 않았다. 이 때문에 미국은 '후쿠시마에서 무슨 일이 일어나고 있는지'를 알기 위한 객관적 사실이나 상세한 데이터를 접하지 못했고 '일본은 어떻게 되는가?'라는 전망도 하기 어려운 상태였다. 주일 미군·군무원과 그 가족만 해도 약 10만 명, 이에 더해 수만 명에 이르는 민간인 등 자국민을 지켜야 하는 미국 정부로서 이는 극히 심각한 사태였다.

당시 미국의 대일 인식에 대해서는 「간 나오토」 정권에서 원전 재해에 관한 대미 교섭을 맡았던 「나가시마 아키히사」 중의원 의원(당시 민주당)이 원전 사고로부터 1년이 지난 2012년 3월 13일자 도쿄신문에서 지적했다.

"사고 발생 일주일 후 미국 측은 일본발 정보 부족에 매우 초조해하고 있었다."

대미 협의의 최전선에 있던 「나가시마」는 상황을 무겁게 받아들였고 또 일본 밖 정보가 부족한 것이 사실이기도 하였다. 원전 사고에서는 재해발생부터 ▷ 1호기~4호기의 전 교류전원 상실 ▷ 1호기·3호기의 수소폭발 ▷ 2호기 연료봉 전체 노출 ▷ 1호기~3호기의 배기 조작(2호기 실패) 등 시시각각 악화되는 상황을 언론이 연달아 속보로 내보내면서 '최악'이라는 두 글자 이외 사태의 추이를 상상하는 것은 불가능하였다.

노심용융(멜트 다운) 같은 극히 중대하고 심각한 사태가 예상되는 이 상황에 신속하고 강력하게 반응한 것은 동맹국 미국이었다.

동일본 대지진 발생으로부터 약 9시간 반 후 실시된 미일 정상 전화 회담에서「버락 오바마」대통령은 최대한의 대일 지원을 약속하였다. 하지만 그 속내는 일본에 소재한 미국인의 생명·신체·재산 보호, 미군기지의 방호와 유지를 비롯한 '미국의 권익 확보'가 급선무였음에 틀림없었다.

미국의 입장에서 일본에 소재하고 있는 권익의 핵심은 주일 미군인데 이는 극동의 평화와 안정의 요체가 되는 안보자산이다. 미국으로서는 주일 미군·군무원과 그 가족의 피폭 및 장비·기자재의 방사능 오염을 어떻게 회피할 것인가 하는 것이 지상명령이었다.「오바마」대통령 역시 큰 위기감과 초조감을 우리와 공유하고 있었던 것이다.

"연료봉은 냉각시킬 수 있나?"

미국 측의 불만이 매우 고조되고 있는 것을 알게 된 나는, 3호기가 수소폭발을 일으킨 3월 14일 제1차「아베」정권에서도 총리비서관으로 근무했던 경제산업성의「이마이 다카야」무역 경제협력국 심의관에게 전화를 하였다. 목적은「원자력 안전·보안원」을 관장하는 경제산업성과의 의사소통을 강화하고 원전 사고에 관한 정보를 미국 측에 제공하여 이해와 협력을 얻기 위한 플랫폼(협의체) 설치에 대해 의견을 듣는 것이었다.

나는 원자력 재해 관련 미일 정보공유의 부재를 지적하는「이마이」의 말에 공감하고 우선 미국 측의 요구사항을 듣는 작업에 착수, 15일 외사정보부장실에서 미국 측과 첫 회합을 가졌다. 경찰청 측 멤버는 나와 「나가이 다쓰야」 외사과장(후에 경찰대학교장)을 포함해 3명이었다. 회의 첫머리에 우리 쪽에서 원전재해의 개요에 대해 설명하였다. 내용은 『도쿄전력』이나 정부의 담당 부서로부터 제공·공유되고 있던 방사선량 등의 데이터 이외에 건물의 손괴 상황이나 정부와 『도쿄전력』·지자체 등의 현장 대처상황에 대해 외사정보부에서 정리한 것이 중심이었다.

공개 가능한 데이터에 근거한 자료였지만 정부기관이 보증한 자료를 제공해 준 데에 대해 상대방은 크게 사의를 표하였다. 그만큼 정보가 부족했다는 이야기다. 첫 회합에서는 미국 측이 4호기의 연료 수조에 보관 중인 '사용 후 핵연료'의 상황을 지극히 심각하게 받아들이고 있는 것을 엿볼 수 있었다. 컬럼비아대 역사학 박사학위를 가지고 있는 학구파인 상대가 "연료봉은 확실하게 냉각시킬 수 있는가?", "확실한 전략과 기술은 있는가?"라며 의심의 눈초리로 연달아 확인 질문을 해 왔다.

미군에 물 주입 지원을 의뢰

4호기와 관련해서는 당시 수조의 물이 없어지면 연료가 녹아내리면서 고농도의 방사성 물질이 밖으로 방출될 것이라는 우려가 확산되고 있었다. 실제로는 수조의 물이 없어지지 않았고 핵연료도 용융되지 않았지만 발생부터 며칠이 지나 정부 내에서도 한때 수도권 주민을 피난시키는 최악의 시나리오까지 검토된 시점의 이야기였다.

미국 측의 우려를 해소하기 위해서는 확실히 물을 주입하는 것이 필요했지만 목표를 정하는 것은 극히 어려웠다. 물 주입은 수소폭발이 계속되고 이미 대기 중에 '경(京, 조의 만 배) 베크렐' 단위의 방사성 물질이 방출되는 가운데 진행되는 '결사적 작업'이 되는 것이었다.

"물 주입 작업에 주일 미군의 대형 헬기 지원을 요청할 수 있을지 여부를 주일 미군 당국에 의뢰해 달라."

회의에서 나는 무리수라고 생각하면서도 대형 헬기 지원을 의뢰했다.

3·4호기 물 주입에 대해서는 다음 날인 16일「기타자와 도시미」방위대신이 미군 방수차를 제공받아 『도쿄전력』이 실시하되 보다 강력한 방수가 필요하면 육상자위대의 대형 헬기로 전환하겠다고 발표하였다.

17일 오전 중 육상자위대가 3호기에 헬기로 방수를 실시하고 같은 날 오후 7시 지나 경찰의 데모 진압용 방수차가 동원되었으나 물이 닿지 않아 실패로 끝났다. 참고로 강력한 방사선을 쪼인 방수차는 지금도 후쿠시마 제1원전의 구내에 방치된 채로 있다. 지상의 물 주입 작전은 공중과는 다른 위험을 수반했다. 조직을 파견하는 결정에 대해서는 각 기관이 상당히 망설였다. 그런 가운데 방사선 피폭 위험이 있는 현장에 가장 먼저 뛰어든 경찰의 방수 작업은 지상의 물 주입을 촉진시킨 의미에서 수훈 갑이라고 할 수 있었다.

기동대원을 대량의 방사선 피폭 위험에 빠뜨릴 것을 각오한 후 대의를 위해 출동 명령을 내린 것은 경비업무로 오랜 세월 기동대원과 동고동락한「니시무라 야스히코」경비국장(후에 경시총감·내각위기관리감, 현 궁내청 장관)만이 가능한 과감한 지휘였다. 자신의 살을 에는 듯한 결단력이 필요했을 것이다.

결국 방수를 위한 미군 부대의 출동은 보류되었다. 피폭이 우려되는 상황에서 안보자산을 어떻게 운용해야 할지 미국 나름대로 신중한 판단을 거친 결과일 것이다.

주일 미국대사관은 이날 50마일(80km)권 피난권고를 단행하였다. 이것을 봐도 미국 측이 일본의 원자력 재해 그 자체에 대한 대처능력은 물론이고 정보제공체계에 불만과 불신을 가지고 있는 것이 분명하였다. 앞에 기술한 바와 같이 미국 측은 4호기의 사용 후 핵연료 냉각이 실시될지 아주 불안해 하고 있었다.

「아베」 전 총리가 「이시하라」 도쿄도지사에게 연락

나는 내 방에서 「나가이」 외사과장 등과 검토를 거듭하여 최우선으로 해결해야 할 명확한 과제를 2개로 좁혔다. 그 하나는 역시 미국 측이 강하게 우려하고 있던 원자로 등의 확실한 냉각이었다. 그러기 위해서는 아무래도 충분한 능력이 있는 주수 장비와 요원이 필요하였다. 대규모 재해 등에 대응 가능한 도쿄 소방청의 하이퍼 레스큐(소방구조기동부대)를 출동시킬 수 있을지가 관건이었다.

"포승줄로 불을 끌 수는 없다. 떡은 떡집, 불 끄기는 소방수에게 맡겨야 한다."

일각을 다투는 사태였다. 재해 발생 7일째인 2011년 3월 17일 저녁, 나는 부장실에서 필요한 분야의 주요 인사들에게 전화를 걸었다. 「아베」 전 총리, 「스가」 전 총무대신, 「이마이」 심의관, 「기무라 순이치」 『도쿄전력』 총무부장……. 「아베」 전 총리로부터 답신이 왔는데, 전달 내용은 대단하였다.

"「이시하라 신타로」 도쿄도지사에게 전화를 해서 직접 부탁했다. 아무런 반대도 없이 쾌히 승낙하였다. 물대포는 가급적 빨리 출동시키겠다고 했다."

"모든 일이 이렇게 해서 순조롭게 움직이는구나" 하는 생각이 드는 순간이었다.

같은 날 심야「간 나오토」총리가「이시하라」도지사에게 전화로 출동을 요청한 사실을 뉴스에서 알았지만, 그것은 밥상이 다 차려진 후의 이른바 숟가락 얹기에 지나지 않았다.

도쿄 소방청의 하이퍼 레스큐가 19일 새벽(오전 0시 반)부터 방수 작전을 성공시켰다. 활동보고 석상에서「이시하라」도지사는 눈물을 흘리며 감사와 칭송의 말을 건넸다. 이 장면이 뉴스로 전해지자 도쿄소방청은 구국의 영웅이 되었다.

우리에게는 또 하나 해결해야 할 과제가 있었다. 양·질, 적시성에 있어서 미국 측이 납득할 만한 정보를 공유할 수 있는 고위급 협의체를 미일 간에 구축하여 한시라도 빨리 미국의 신뢰를 회복하는 것이었다.

물밑 조정은 이미 시작되었다. 방수 작전과 달리 이쪽은 정치적 성격이 강하다. 하물며 민주당 정부 내의 상황은 전혀 짐작도 할 수 없었다.

"경찰청이나 방위청이 미국과 제각각 따로 협조하는 것만으로는 부족하다. 관저가 앞장서서 미일이 함께하는 모양새를 만들지 않으면 안 된다."

그렇게 말한 후 관저 내의 조정은 경찰청에서 안전보장·위기관리 담당 내각참사관으로 파견된「오이시 요시히코」참사관(후에 경시총감)에게 부탁하였다.

"이쪽도 여러 가지 과제가 있습니다만, 어떻게든 해보겠습니다."

조정을 위해서는 '여러 가지' 큰 걸림돌이 있다는 것은 충분히 이해할 수 있었다. 다만, 그가 "어떻게든 하겠다."라고 하는 것은 반드시 실현시킨다는 것과 다름없었다. 기대한 것처럼「오이시」참사관이 조정 역할을 잘 소화하여 협의체 설치를 위한 준비를 착착 진행해 갔다. 우선 17일 NRC에서「기타자와」방위대신에게 연락을 하게 되었다.

다음날 18일, 하루 만에 일본 정부의 대미 교섭담당으로 임명된「나가시마」의원에게 NRC로부터 협의체 설치를 요망하는 전화가 있었다.「나가시마」의원은 이것을 받아들여 실질적인 설치와 운용의 방향을 정해 나갔다.

미일 협의 시작

관저에서는 협의체의 일본 측 실무 당국자를 인선하기 위해 2011년 3월 18일 밤에「오이시」참사관, 경찰청에서 내각정보조사실로 파견 중인「니이미 야스오」주간(후에 경찰대학교장),「원자력 안전·보안원」담당자와『도쿄전력』의 담당자가 참석하여 NRC 전문가와 의견을 교환하였다. 후에 이 회합에는「이토 데쓰로」내각위기관리감(전 경시총감),「니시카와 데쓰야」관방 부장관보,「다카하시 기요타카」위기관리심의관(후에 경시총감·내각위기관리감) 등 위기관리 3역이 동석하게 되었다.

같은 달 20일 밤에「센고쿠 요시토」내각관방 부장관,「나가시마」의원,「나카무라 이타루」관방장관 비서관(후에 경찰청 장관)에게 전화를 하였다.「나가시마」의원으로부터 NRC와의 미일 합동조사회의 설치를 관저에서 승인했다는 연락이 왔다.

내 수첩에는 이날에 조금 강하게 눌러쓴 필체로 '미일 공동의 윤곽'이라는 문장 한 줄이 기재되어 있다. 시나리오에 따라 사태가 수습되기 시작하였다.

고위급 협의체는 같은 달 22일 외사정보부가 미국 측과 협의하여 구성하기로 확인하였다. 일본 측은「후쿠야마 데쓰로」관방 부장관을 수장으로 하고 그 밑으로「호소노 고시」총리보좌관,「이토」위기관리감,「우

에마쓰 신이치」 내각정보관(前 오사카부경 본부장), 2명의 관방 부장관보,
「원자력 안전·보안원」, 방위·문부과학·외무·원자력안전위원회의 각 기
관 국장급에다 『도쿄전력』 부사장이 참가하고 미국 측은 NRC 파견단과
주일 대사관 간부급으로 편성되었다.

　　외사정보부장인 나와 미국 측과의 통상적인 정보교환 라인을 기점으
로 표면적인 미일 협의가 형성되고 활용되게 되었다. 원전 사고를 둘러
싼 미일 정보공유체계는 이렇게 움직이기 시작하였다.

지하철 사린 사건과의 공통점

　　공식적인 협의체 설치라는 소기의 목적이 달성되었기 때문에, 경찰
청 외사정보부장이라는 관료로서가 아닌 한 사람의 정보관으로서 카운
터파트와 접촉을 계속하였다. 평소 접촉하는 카운터파트에 NRC도 가담
하여 나와 한층 더 깊은 정보교환을 요구하였다.

　　특정비밀보호법 제정 전의 일이었다. 미일 간에는 외교에 관해서는
외무성과 국무부, 군사에 관해서는 방위성과 국방부라는 식으로 정보의
교환·공유에 대한 각각의 체계와 절차가 존재했고, 실제로 기능하고 있
는 것도 잘 알고 있었다. 하지만 원자력 재해 시에는 국방·군사 및 외교에
관한 것 이외에도 방대한 정보의 분석과 평가의 공유가 요구되고 경우에
따라서는 정부의 정책 방향을 좌우하는 요소도 포함되었다.

　　미국 측은 기밀도 높은 정보를 제시하여 그것을 전제로 한 분석을 실
시하고 '후쿠시마 사태'의 가까운 미래를 전망하고 싶었을 것이다. 그러
므로 기밀도 높은 정보공유가 가능한 정보보호 수준을 가진 외사정보부
를 창구로 한 것으로 추정되었다.

나는 과거에 비슷한 경험을 한 적이 있었는데 바로 1995년 3월 옴진 리교에 의한 지하철 사린 사건이다. 미국 측은 지하철이라는 밀폐된 공공장소에서 화학무기인 사린이 이용된 테러에 매우 큰 관심을 가지고 있었다. 사린의 원료나 제조법의 입수경로, 피해자에 관한 의학적 고찰 등의 정보도 탐색하고 있었다.

군사적 측면에서 보면 사린이나 방사선 모두 '대량살상무기'의 카테고리에 포함된다. 통제력을 잃은 원자력 재해와 핵무기를 사용한 전장에서 부대의 활동이 어디까지 가능한가? 미국 측은 주일 미군이나 자국민의 안전을 확보하는 한편, 군사에 응용할 수 있는 식견도 얻고자 하는 것처럼 보였다.

후쿠시마의 원자력 재해를 둘러싼 미국 측과의 정보교환은 3월 15일을 시작으로 4월 8일까지 10회에 이르렀다.

나와 「나가이」 외사과장은 사고로부터 1주 후인 18일의 회합에서 상대방으로부터 제공받은 정보에 숨을 삼켰다.

"4호기 사용 후 핵연료 저장수조에는 물이 없어져서 '지르코늄 화재 (핵연료의 피복관으로 사용되고 있는 금속 지르코늄이 불타면서 더 많은 양의 방사성 물질이 방출되는 사태)' 등이 발생할 위험성이 있다."

상대방은 우려하던 4호기에서 온도 상승이 감지된다며 이론적으로 가능한 원인으로 '사용 후 핵연료 저장수조 파손'을 꼽았다. 원자력 기술자의 분석이나 정보자원을 이용한 견해는 설득력이 있었지만 우리의 견해와는 차이가 있었다. 우리는 각종 데이터를 계속 보여주면서 "파손상태는 아니다."라는 견해를 설명하였다.

그 시점에서 확보 가능한 모든 정보에 근거한 과학적인 설명에 대해 상대방은 납득하고, 최종적으로 4호기의 현 상황에 관해서는 "현재도 물이 남아 있고, 당면한 단기적 조치로서 현재 취하고 있는 방수를 계속하는 것이 적당하다."라는 평가에 일치하였다.

회의를 거듭할수록 취급되는 정보 중 기술의 비중이 증가하고 그 밖의 내용도 밀도가 올라갔다. 외사정보부 참석자에 외사조정지도관(경시정), 과장보좌(경시) 등을 추가해서 대응하였다. 그 회의에서 상대방이 제시해 온 정보에 어떤 기밀이 포함되어 있었는지 상세히 밝힐 수는 없다.

다만, 「간 나오토」 내각이 일본공산당의 「아카미네 세이켄」 중의원의 질문에 대답한 「'후쿠시마 제1원전 사고'를 둘러싼 미일 협의와 연계 대응 관련 질문에 대한 답변서」(2011년 5월 2일)에, 다음과 같은 기술이 있다.

《(전략) 미국 정부가 일본 정부에 대해 사고 발생 후 신속히 정보수집에 나선 글로벌 호크 정보를 포함하여 다양한 루트를 통해서 사고대응에 필요한 정보제공이 이루어지고 있고, 이것들은 관계부처 간에 적절히 공유되고 있다.》

글로벌 호크는 이라크전쟁(2003년 3월 개시)에서 처음으로 실전 투입된 미국의 무인정찰기로 알려져 있다. 데뷔 8년 후, 이번에는 후쿠시마 제1원전의 상황파악을 담당하게 된 것이었다.

고공정찰로 얻어지는 화상 등의 정보는 정보수집 위성 수준 혹은 그 이상의 기밀 수준이었을 것이다. 위성정보는 일본에서도 현재 특정비밀로 지정되어 있어 누설 시 형사 처벌될 정도로 엄중한 관리하에 두고 있다. 일반적으로 정보수집 위성 영상 등 항공 영상정보에 관한 데이터와 분석 결과를 공유하면, 카메라의 종류 등 촬영 시스템의 성능이나 제약조건뿐만 아니라 분석관의 기법이나 기량까지도 공유자에게 누설될 가능성이 있는 것으로 알려져 있다.

러시아의 우크라이나 침공에서 미국과 영국 정보기관이 귀중한 정보 자산을 할애한 성과물을 우크라이나에 제공한 것으로 알려졌는데, 비밀 중의 비밀인 영상정보를 제공한 것을 보면 '후쿠시마'에 대한 미국의 위협 인식은 전쟁만큼 높았다는 것이다.

위기 시 정보는 무기가 된다.

회의는 정보교환의 장이기 때문에 우리도 정보를 제공하였다. 나는 정보 제공에 있어서 "요구받은 정보는 기본적으로 전부 전달한다."라는 방침으로 임하였다. 정보의 세계는 '기브&테이크'다. 상대방을 충분히 신뢰할 수 있는 경우에는 상대방이 가치를 느끼는 것을 제공하고 이쪽의 관심정보를 얻는다.

앞에서 말한 바와 같이, 우리가 NRC에 제공한 정보는 각 부처나 『도쿄전력』이 수집하고 정부 내에서 필요에 따라 공유되는 것이 대부분이었다.

「나가이 미키히사」외사과 과장보좌가 작성한 자료는 2편의 책자로, 제1편은 원자로 4기의 현황과 전망을 일러스트 첨부로 해설한 것이고 제2편은 원전사고 현장 주변이나 재해지역의 방사선량 등의 1차 정보(raw data)나 각 재해지의 방사능 레벨에 관한 분석 내용이었다. 거기에는 「니시무라」경비국장에게 보고한 후 제1선에서 활동하는 경찰관의 몸에 부착한 피폭 선량계의 정보도 활용하였다. 국제사회에서 일본에 대한 인식 개선이 쉽지 않음을 실감한 것은 2011년 3월 18일 미국 캘리포니아주에서, 같은 달 26일 네바다주에서 크세논(Xe) 133이 검출된 것을 알았을 때였다. 크세논 133은 원자력 재해나 핵실험에 있어서 종종 관측되는 동위원소다. '후쿠시마'의 영향이 확산하고 있다는 인식이 세계적으로 형성되고 있다고 느꼈다.

한편 같은 시기 사고를 일으킨 원전의 냉각수 처리 문제도 부각되어 이 문제에 대한 대처가 당면 과제가 되었다. 4월에 들어서야 비로소 트렌치(도랑)에서 냉각계로 오염수를 순환시키는 계획이 시작되고 같은 달 11일 원전 부지에 오염수 탱크를 설치하는 방침이 굳어져 갔다. 오염수 문제가 막히게 되면 일본 정부는 회복 단계의 신뢰를 다시 잃을 수도 있었다.

당초 주목받는 세계 최대 원자력 산업 복합기업인 프랑스 『아레바』(후에 재편되며, 회사명을 『오라노』로 변경)의 처리 시스템은 그런 암중모색의 와중에 프랑스에서 제시되었다. 프랑스 측과 처음 접촉한 것은 4월 4일인데, 『아레바』는 프랑스 정부가 대주주인 기업으로 당시 사장은 「프랑소와 미테랑」 대통령의 특별보좌관을 지내기도 했으며 '아토믹 안느'라는 별명을 가진 「안느 로베르종」이었다. 프랑스 정부는 주일 대사관에도 원자력 전문가를 참사관으로 상주시켰다. 『도쿄전력』이 자력(자사 기술) 처리를 포기한 3월 하순 그들은 이미 일본 정부와 『도쿄전력』에 대한 접촉을 시작하였다.

『아레바』의 시스템은 약품을 사용해 세슘이나 스트론튬을 침전시킨 후 제거하는 것이었다. 『아레바』는 당시 원자력 사고로 발생한 폐수 처리는 '세계 최초의 작업'으로 과거 실적이 없음을 인정하고 있었지만, 동시에 '기술적인 처리는 충분히 가능하다'고 일본 측에 알려 왔다. 다른 나라의 원자력 재해에서 '비즈니스의 기회'를 찾아낸 셈이었다.

동일본 대지진 발생과 그에 이은 원전 사고 이래 고위급 협의체의 설치와 카운터파트와의 정보교환에 몰두했지만, 도쿄에서의 일이 일단락

된 5월 하순에 나는 재해지역인 미야기·후쿠시마로 파견부대 격려를 겸한 출장을 갔다. 현지 파견경찰들은 구사일생으로 전원 무사함이 확인되었지만, 실제로 붕괴 상황을 보니 지진과 원전 사고라는 두 가지 재해가 덮친 피해지역에서 소중한 일상을 빼앗긴 모습에 몹시 마음이 아팠다. 철탑 아래 임시 막사에서 건강한 모습을 담은 단체사진은 지금도 나의 보물이다.

지진 재해와 그 후의 원자력 재해를 통해서 나는 위기 때야말로 '정보는 무기'라는 점을 통감하였다. 그러한 인식은 같은 해 12월 내각정보관으로 취임한 후 국가안보국장을 거쳐 현재에 이르기까지 나의 중심에 자리잡고 있다.

해설8 정보협력의 중요성

정보기관은 정보를 수집, 작성, 배포하는 일을 하는 것으로 알려져 있지만, 또 다른 중요한 기능이 정보협력이다. 오늘날 국제사회에서 공식적 외교협력의 중요성은 당연하지만, 이에 못지않게 정보기관 간의 비공식적 정보협력도 대단히 중요하다. 정보기관의 활동은 고도의 비밀성과 최고 정책결정자에게 직접 보고되는 특성 때문에 신속한 협조가 가능하고, 자국 여론이나 타국의 눈치를 보는 데 민감하지 않기 때문이다. 물론 자국의 이해관계에 따른 경우가 많지만 상대국만을 위한 협력도 결국은 'Give and Take'의 관점에서 자국에 유리하다고 할 수 있는 것이다. 본문에서처럼 대규모 재난 상황에서도 활용될 수 있다.

세계사의 향배를 바꾼 사건중 하나인 제1차 세계대전 미국 참전도 영국이 미국에 제공한 첩보 한 건에서 촉발된 것이다. 미국의 참전에 대해 일반적으로는 중립주의를 고수하던 미국이 중립국 선박까지 공격하는 독일의 무제한 잠수함 작전에 분노하여 참전하게 되었다고 알려져 있으나, 실제로는 독일이 멕시코를 끌어들여 미국에 대항하도록 하려는 비밀계획을 영국 정보기관이 알아내 미국에 전해 준 것이 결정적이었다. 1917년 1월 16일 독일 외무장관이던 아서 치머만은 멕시코의 독일 대사에게 전문을 보내 멕시코가 동맹에 참가하면 재정적 보상과 함께 멕시코가 미국에 빼앗긴 텍사스, 뉴 멕시코, 애리조나 지역의 회복을 양해할 것이라는 내용을 멕시코 대통령에게 극비리에 전달토록 하였다. 그런데 영국을 지나는 해저케이블을 감청한 영국 해군 정보국(NID)이 암호화된 전문의 내용을 해독하는 데 성공하여 관련 정보를 미국에 제공한 것이다. 미국은 독일의 음모를 언론에 공개하는 한편 즉각적으로 의회의 승인을 얻어 1917년 4월 6일 참전을 결정하게 되었다.

정보기관들은 각자 상대적 우위에 있는 정보자산(첩보위성 등 기술적 자산과 목표 내 spy 등 인적 자산)을 활용하여 수집된 정보를 교환함으로써 정보사각지대를 피할 수 있고, 자신들의 목표에 더욱 집중할 수 있게 된다. 미국은 우리의 동맹국이지만 파이브아이즈(Five Eyes: 미국, 영국, 캐나다, 호주, 뉴질랜드 등 5개국 정보협력체) 수준의 정보를 공유하지는 않는다. 군사동맹보다 더 중요한 것이 정보동맹이며, 이를 위해서는 깊은 신뢰가 필요한 것이다. 북한의 위협에 공동대응하기 위한 한국과 일본의 군사정보 보호협정(GSOMIA)이 중요한 이유이기도 하다.

재일 코리안 조총련-민단 '통일계획'

재일 코리안
조총련-민단 '통일계획'

한반도에 뿌리를 둔 '재일 코리안'의 두 개 단체를 외사경찰은 서로 전혀 다른 시각으로 봐 왔다.

북한의 강력한 영향 아래에 있고 파괴활동방지법(파방법)에 의해 조사대상 단체로 지정된 조총련에 대해서는 관련 인물이나 북한 정권과의 관계성 및 동향 등을 주시하고 있었다. 그런데 경찰청 외사과장이었던 나는 2006년 재일 한국인을 위한 단체로 한국 정부와 결속이 강한 「재일본대한민국민단」(민단)에서 일어난, 당시 단장의 조총련에 대한 수상한 접근과 그것을 저지하려는 일부 간부의 움직임을 직접 파악하게 되었다.

"조총련이 아닌 민단을 말인가요?"

민단 간부의 조총련에 대한 수상한 접근은 2006년 단장 선거에서 하병옥이 선출됨으로써 표면화하였다. 조총련 지도하에 운영되는 조선학교 교사 경험도 있는 등 이색적인 경력을 가진 하병옥이 단장으로 취임한 뒤 민단은 조총련과의 '화해·화합'을 표명하는 등 급속히 친북으로 기울어져 갔다. 만일 민단이 조총련에 포함되는 형태로 일체화가 성사되었더라면 노무현 정부(2003년 2월~2008년 2월)는 이를 자신의 대북정책의 정당성 어필에 이용했을 것이다.

2006년 4월 11일 오전 7시 반 나는 호텔 오쿠라의 일식당 '야마자토'의 조찬장에 도착해 있었다. 국회 개회 중이기도 해서 평소보다 빠른 시간에 약속을 한 것이었다. 나 이외의 멤버는 「우루마 이와오」 경찰청 장관, 연립여당의 「기야마 레이지」(가명) 참의원 의원, 민단 집행부의 간부 이헌일(가명) 등 세 사람이었다. 「기야마」 의원은 종교단체는 물론 각종 사회운동에도 넓은 인맥을 가진 것으로 알려진 참의원의 거물이었다. 경찰청의 일개 과장이 국장이나 관방장·차장 등 수뇌부를 뛰어넘어 장관과 조식에 동석할 기회는 일반적으로 별로 없었다. 게다가 연립여당 참의원의 중진과 민단 집행부 간부가 동석해 있었다.

그 특별한 모임의 결과는 상상도 못 했는데, 식사도 하는 둥 마는 둥 나는 「우루마」 장관의 지시로 전날까지 준비한 보고서 내용에서 언급해도 되는 부분들을 신중하게 골라 설명을 시작하였다.

조식 모임 며칠 전 나는 경찰청 장관실에서 「우루마」 장관으로부터 "「기타무라」, 민단의 현황을 알아봐 주게."라는 지시를 받았다. 다소 뜻밖의 지시였는데 나중에 생각하니 바보같이 "조총련이 아닌 민단을 말인가요?"라며 무심코 되물었던 기억이 난다.

민단은 한국을 지지하고 우호국인 '일본과의 공생공영'을 표방하는 재일 단체이다. 그러나 그해 단장 선거에 하병옥이 취임한 이후 급속히 친북으로 방향을 바꾸기 시작하였다. 그것은 북한과의 유화에 주력하는 한국의 노무현 정권과 동조하는 움직임처럼 보이기도 하였다.

북한과의 '가까움'은 정치적 자산

노무현 대통령은 취임 후 소수 여당의 국회 운영으로 어려움을 겪다 한때 대통령 탄핵소추까지 발의되어 정치적으로 곤경에 처하였는데 전임 김대중 대통령은 '햇볕정책'을 내걸고 북한과 화해를 강조하였다. 2000년 6월 남북정상회담을 실현시키고 '세계평화'에 공헌했다고 해서 노벨평화상을 받았다. 한국의 정보기관인 국가정보원(국정원)의 전 직원인 김기삼의 증언에 따르면 김대중 정권은 정상회담 실현을 위해 국정원을 동원해 김정일 국방위원장에게 약 2조 원에 달하는 자금을 선물했다고 한다.

당시 한국에서 북한과의 '가까움'은 중요한 정치적 자산이라고 할 수 있었다. 남북 정상회담은 지도력과 국제적인 존재감을 과시하기 위한 카드로 통용되고 있었던 것이다. 김대중 정권의 '햇볕정책' 계승자를 자처하는 노무현 대통령에게도 회담 실현은 자신의 위상을 높이고 정치적 안정감을 얻어, 그다음 '조국 통일'로 향하는 길을 만들게 되는 것이었다. 국제사회에서 존재감이 큰 일본에서 민단이 조총련과 일체화를 지향한다면 대북 화해정책 추진에 탄력을 받을 것임은 의심할 여지가 없었다.

그 조총련과의 접근을 주도한 것이 하병옥 단장이었다.

'야마자토'의 4자 조찬회 당일인 2006년 4월 11일 하 단장은 민단 집행부를 데리고 방한, 노무현 대통령과 면담하였다.

산케이신문(2006년 5월 30일자)에 「니시오카 쓰토무」가 기고한 「정론」에 따르면, 하 단장은 노무현 대통령에게, 한국 정부의 민단 지원금(연간 8억 5천만 엔)을 계속 주도록 진정했다고 한다.

하병옥은 귀국 후 조총련과 「재일한국민주통일연합」(한통련)의 간부들과 3자 회담을 가졌다. 두 단체는 모두 북한의 의향에 충실한 바 하 단장의 행동은 민단 관계자를 불안하게 하였다. 조총련과의 일체화 공작은 이러한 우려를 무시하고 반강제로 진행되었다.

위기에 직면한 '탈북 지원'

나의 보고가 끝나자 이헌일이 입을 열었다. 요지는 민단의 '적화통일'을 막아달라는 게 아니라, 이헌일이 감독하는 민단 산하 기관인 「탈북자지원민단센터」가 하병옥 지도부로 인해 폐지될 우려가 있다는 것이었다.

「탈북자지원민단센터」는 2003년 6월 북한에서 도망쳐 일본에 입국한 재일 교포 탈북민들과 그 가족들을 인도적 입장에서 받아들여, 국내 정착을 위해 주거와 생활비, 직업소개 등을 지원하는 것을 목적으로 설치되었다. 당시에는 받아들인 탈북자가 100여 명이 넘었다. 그런 만큼 하병옥이 센터 임시 폐쇄를 결정한 목적은 불분명하여 민단 안팎에 파문을 일으켰다.

북한은 UN 등 국제사회에서 식량사정과 정치범 수용소 운영, 공개처형 등 인권상황이 문제시되는 것을 매우 싫어하였다. 그것은 바로 김정일 국방위원장에 대한 책임추궁과 같은 의미여서 국가 최고존엄의 권위나 체면이 국제사회에서 훼손될 수 있음을 의미하기 때문이다. 북한은 탈북자를 북한의 내부정보를 외부로 누설하는 원흉으로 보고 있었다. 하단장의 센터 폐쇄는 북한·조총련 측의 의사를 그대로 받아들여 인권 문제에 대한 관여를 방치하려는 것이나 다름없고, 일본인과 같은 민주주의적 가치관을 가진 민단 사람들에게는 국제사회에 대한 배신으로 비쳤을 것이다.

이헌일은 "탈북자와 그 가족, 북한 탈출에 관여한 조직과 개인을 특정할 수 있는 정보가 북한 측에 그대로 넘어가게 된다. 최악의 경우 탈북자가 북한에 다시 끌려가거나 귀환하라는 명령을 받을 가능성도 있다."라고 애타게 호소하였다. 탈북자와 관련해서는 2003년 「고이즈미」 정권이 "(가족들로부터 지원을 받지 못하는 경우) 자립할 수 있는 환경을 조기에 조성할 수 있도록 일본 정부로서도 필요한 대응을 해오고 있다."라고 표명한 바, 일본 정부로서도 인도적인 입장에서 무관심할 수는 없었다.

이헌일은, 센터의 업무중단은 탈북자 '인신 보호'의 관점에서 큰 문제로서 완전히 폐쇄되면 민단의 지원을 받고 있는 탈북민의 신변안전도 지킬 수 없게 되는 등 일본 정부의 정책에도 영향을 주지 않을까 하는 위기감을 강조하였다. 이에 「기야마」 의원도 종래의 정부 방침에 부합되는 것인 바, 인도적인 관점에서 경찰이 관여할 수 있지 않은가라며 「우루마」 장관에게 대응을 요청하였다.

북한은 자국으로부터의 자유로운 출국을 인정하지 않고 탈북행위를 범죄로 보고 있다. 센터 폐쇄와 탈북자들의 개인정보는 하병옥이 단장으로 있는 민단이 조총련에 주는 '화해·화합'의 선물로서 분명 환영을 받을 것이었다.

2000년대 초반부터 탄압이나 식량난 등 인도적 위기에서 북한에서 도망칠 뿐만 아니라 경제적 목적으로도 탈북민이 생겨났다. 중국에는 잠시 대피하는 장소를 제공하는 활동가와 비즈니스도 출현하고 동남아시아 루트의 탈출 경로도 생겼다. 재일 조선인 출신자들과 그 가족들의 안전 확보에 대해서는 경찰도 일정 수준 관여해야 할 단계이기도 하였다. 그런 시대적 배경도 있어 경찰청도 이헌일의 요청을 수용하고 창구는 외사과장인 내가 직접 담당하게 되었다.

"민단의 '조총련화'가 걱정이다"

사태의 전개 속도는 예상보다 빨라 하 단장은 2006년 5월 17일 조총련과 6개 항목의 공동성명을 발표하였다. 합의는 양 단체의 '화해와 화합' 외에 그해 예정된 '6.15 민족통일대축전' 참가와 일본 통치로부터의 해방을 기념할 '8.15 기념축제' 공동개최 등이었다. 축하 행사처럼 연출된 공동성명 발표이긴 했지만 정작 성명이 발표되자 각 지역의 민단 지부에서는 염려와 반대의 목소리가 높아졌다. 다음날인 18일에는 나가노현 지방본부가, 민단과 조총련은 탈북자·납치·인권문제 등에서 입장 차이가 너무 크다고 지적하고 '화해' 반대를 표명하였다. 니가타·지바·도쿄 지방본부의 9개 지부, 에히메·도야마 각 지방본부에서도 반대의 목소리가 높아졌다. 민단 중앙본부에는 그 밖에도 많은 반대 의견이 전해져 결국 '8.15 기념축제'를 비롯해 공동성명에 담긴 행사 공동참가 및 공동개최는 모두 보류되었다. 합의를 둘러싼 일본 주요 언론의 태도는 상상했던 것보다 더 냉정하였다.

보수 성향인 산케이는 "민단의 조총련화가 걱정이다.", "민단계 자금이 조총련을 통해 북으로 흘러갈 가능성도 부정할 수 없다."라고 우려를 표했고, 닛케이는 "두 단체의 역사적인 화해는 남북화해로 이동하는 한국의 노무현 정권과 북한의 김정일 정권의 의향을 반영했으며 일본에 미칠 정치적 영향도 무시할 수 없다. 양 단체의 향후 동향을 주시할 필요가 있다."라고 문제의 본질을 찔러 경계감을 강조하였다. 진보 성향인 마이니치도 "탈북자 지원에 등을 돌리지 마라.", "민단은 조총련과 화해의 대상으로서 동포의 인도적 지원에 등을 돌려서는 안 된다. 이번 '화해'의 본질이 가려지고 있지는 않은가?"라며 하 단장과 조총련의 의도에 의심의 눈초리를 보냈다. 대체로 경계심을 드러낸 논조가 지배적이라고 할 수 있었다.

파괴방지법의 사찰 대상이 될 수 있다

나는 이런 여론 형성에는 아마도 이헌일 등의 움직임이 작용했을 거라고 상상하였다. '5.17 공동성명' 닷새 뒤인 5월 22일 나는 '야마자토'에서 다시 이헌일과 만나 상황을 파악하였다. 이헌일은 센터 폐지를 기획하는 하 단장의 조총련 접근을 막기 위해 전국 민단이 한층 더 인식을 전환할 필요가 있다는 생각이었지만 결정타가 될 만한 계획은 가지고 있지 않았다. 논의가 막다른 골목에 봉착하자 이헌일이 물었다.

"만일의 경우, 혹시 민단이 조총련과 합병한다면 경찰의 사찰 대상이 될까요?"

"그렇게 될 가능성도 염두에 두는 것이 좋겠습니다."

내가 즉답하자 이헌일은 깜짝 놀란 표정을 지었다. 그것은 당연한 반응이었다. 일본과의 공생공영을 내걸었던 단체가, 말하자면 일본과 인연을 끊고 북한과 연계를 맺게 된다면 단번에 파괴방지법에 근거한 사찰 대상이 될지도 모를 일이었다.

민단 내부에는, 합병으로 생기는 불이익이나 문제에 대해 깊이 생각하지 않고 '민족의 염원'이라는 분위기에 휩쓸려서 '화해·화합'에 찬성해 온 단원들도 많다고 했다.

"그런 중대한 사실이 민단 내부에서는 알려지지 않고 있는데「기타무라」과장님이 명시적으로 민단에 설명해줄 수는 없을까요?"

이헌일의 요청은 매우 절실했지만, 그러한 대응은 너무나 당돌한 것이어서 경찰청뿐만 아니라 어느 정부기관도 설불리 할 수 있는 일이 아니었다.

'국회 답변'에서 인식을 보이다

나는 솔직히 당황했지만 방법이 없는 것도 아니었다. 국회 질의 과정에서 '답변'하는 형태를 빌리면 경찰 당국의 인식을 나타낼 수 있었다. 준비에 시간이 더 필요하다고 대응한 뒤 나는 「우루마」 장관에게 보고를 마친 후 곧바로 답변에 포함시킬 중요 내용, 표현방식 등을 검토하였다.

이헌일은 크게 기대를 한 모습이었다. 나는 국회 질의답변이 이 사태에 미치는 영향에 대해서 낙관적으로 볼 수만은 없었지만 내심 "민단 내부에서 파장을 일으킬 수 있을 것이다."라는 생각은 하고 있었다. 민단은 일본 사회와의 공생공영을 목표로 하고 있는데 그것이 바뀌어서 경찰에게 사찰 당할 처지가 될지도 모른다는 것이었다. 질의답변을 통해 민단 사람들에게 그러한 우려를 이해시킬 수 있을까 하는 것이 성패의 요인이었다.

질의는 2006년 5월 31일 중의원 외무위원회에서 예정되어 있었다. 나는 전날인 30일 오후 8시부터 답변 마무리 작업에 착수하였다. 질의 당일인 5월 31일 오전 8시 반 경시청 17층의 도장에서 6시 반부터 시작한 검도 연습을 끝낸 나는 '야마자토'에서 이헌일과 다시 만났다. 이헌일은 사전에 여러 차례 "답변은 어떻게 되어가나?"라고 물어왔지만 사전에 알려줄 수가 없는 것은 말할 필요도 없었다. 전체적인 분위기로 보아 민단과 조총련의 일체화는 기본적으로 추진력을 상실해 가고 있었지만, 그래도 여전히 정세는 유동적이어서 답변 내용도 상황 변화에 따라 꼼꼼히 검토하는 것이 필요하다고 느끼고 있었다.

민단 측에는 조총련과 합병하면 자신도 '사찰 대상'이 될 수 있음을 이해시킬 필요가 있었지만, 일본 경찰이 재일 한국인에게 고압적인 자세를 취해 "탄압이다" 같은 반발을 일으키면 본래 취지와는 다른 관점에서 비판을 받고 상황이 복잡해질 수 있었다. 따라서 단어 하나하나에 신중을 기하였다.

조총련 동향에 중대한 관심

국회 내의 상황을 전하는 경찰청 모니터에 중의원 외무위원회의 모습이 중계되었다. 민주당의 「마쓰바라 진」 의원은 단도직입적이었다.

"오늘 경찰청에서도 출석했을 거라고 생각합니다. 파괴방지법 조사단체인 조총련과 민단이 화해를 했는데 이에 대해 어떤 인식을 가지고 있나요? 즉, 조총련은 파괴방지법상의 조사단체입니다. 그 조사단체와 민단이 손을 잡게 되면 민단에 대해서도 일본의 공안이 계속 주시해야 한다는 의견이 있습니다만 답변해 주셨으면 합니다."

"답변드리겠습니다."

「고바야시 다케히토」 경비국장은 약간 높은 톤의 목소리로 답변을 시작하였다.

「고바야시」 국장은 먼저 민단과 조총련에 의한 '5·17 공동성명'이 양 단체의 조직 일체화로 연결된 것이라고는 현재 인식하고 있지 않다고 말한 다음 "경찰에서는 어디까지나 공공의 안전과 질서유지를 위한 책무를 다한다는 관점에서 지적하신 것과 같은 조총련의 동향에는 중대한 관심을 가지고 있는 바이며, 이번 움직임도 포함해서 조총련과 민단 관계가 구체적인 위법행위에 미칠 경우 엄정하게 대처해 나갈 생각입니다."라고 밝혔다.

「마쓰바라」의원은 다시, 조총련과의 접근을 추진하는 하병옥 단장에 대해 조선학교 관련성 등 다양한 지적이 있었던 것을 염두에 두고 "이 분은 어떤 출신인지, 과거 조총련과 관계를 가진 적이 있는지 없는지 문의드립니다."라고 질문하였다.

「고바야시」국장은 하 단장의 경력과 조총련과의 관계에 대해서는 "경찰로서는 말씀드리기 곤란합니다."라고 대답하는 한편, 묻지도 않았는데 "경찰은 어디까지나 공공의 안전과 질서를 유지하여야 할 책무를 다해 온 관점에서 조총련의 동향에 중대한 관심을 가지고 있는 바이며, 이번 움직임도 포함해서 조총련과 민단의 관계에 있어서 구체적인 위법행위가 있을 경우에는 엄정하게 대처할 생각입니다."라고, 최초의 질문에 대한 답변을 반복하는 형태로 강조하였다.

「마쓰바라」의원과「고바야시」국장의 질의답변은 일종의 토톨로지(tautology, 동어 반복)이긴 하지만, 종합적으로 생각하면 사찰 대상이 될 수 있다고 이해하게끔 되어 있었다.

이 질의답변 후 민단에서「고바야시」국장의 답변이 대량으로 복사되어 지방본부와 지부에 배포되었다고 한다. 그 결과, 각 계층의 조직에 동요가 확산되면서 하 단장 등이 주장하는 조총련과의 '화해·화합'이 설득력을 잃고 양 단체의 관계도 급격히 악화되었다. 하부조직에서는 "경찰로부터 사찰 당하는 것은 곤란하다.", "일본 사회에 융화되어 살고 있는 우리들의 의도와는 완전히 다르다."라는 우려가 급속히 공유되기 시작했다.

조총련과의 '화해·화합'을 추진하는 기운은 사라졌고 하 단장 등의 운영 방침에 반대하는 측의 움직임이 가속화되자 민단 집행부는 전국에서 압력을 가하는 형태로, 2006년 6월 24일에 임시 중앙위원회를 개최했다. 하 단장은 이 자리에서 중앙위원들을 앞에 두고 조총련과의 '공동성명'은 "민단의 기관 결정을 거치지 않고 합의되었다."라고 사과했고, '화해·화합'은 "백지에 가까운 상태"라며 그 정당성을 스스로 부정하자 사임 요구도 제기되었다. 4월 11일 조식 모임으로부터 약 2개월 반 후의 결말이었다. 민단 내에서 지도력을 완전히 잃은 하 단장은 그해 9월 단장직을 사임하였다.

이것은 결과론이지만 하 단장이 사임한 다음 달인 10월 9일, 북한은 첫 핵실험을 실시하였다. 만일 이 해에 조총련과 일체화가 이루어졌다면 민단은 일본 사회와의 괴리가 커져서 상당한 궤도 수정을 압박받았을 것이다. 이헌일 등의 위기관리가 민단의 '양식(良識)'을 구하게 된 것이었다. 그리고 중의원 외무위원회에서 이뤄진 질의답변이 민단은 물론 나아가 한국의 일본 내 입장을 지켰다고 할 수도 있겠다.

'화해·화합'을 추진한 하병옥 씨는 2021년 10월에 86세로 사망하였다. 『민단신문』(전자판)은 같은 해 10월 12일 짧은 부고를 게재하였다.

한국 당국의 관여 흔적

일본을 무대로 한 '재일동포'의 '적화통일'이라고도 할 만한 사태는 저지되었지만 한 가지 의문이 남았다. 2006년 4월 「우루마」 장관의 지시로 조사에 착수했을 때에는 이 움직임에 대해 민단을 합병하려는 조총련이 주도했을 가능성에 대해서도 생각하였다. 그러나 오히려 조총련 대신 부각된 것은 농후하게 남아있는 한국 당국이 관여한 흔적이었다. 한국은 대통령제 국가의 숙명으로 정권교체가 되면 핵심 간부를 대거 교체한다. 보수·진보 간 정권교체 때에는 전 정권의 간부들은 대폭 배제되고 새 정권에 충실한 조직으로 개편된다. 조총련과의 일체화에 대한 관여는 한국에서는 범죄가 될 가능성이 있었다. 만일 그것을 민단에 대해 실행하려한 주체가 한국 당국이었다면 그 하명자는 정권의 중심에 있는 자임을 쉽게 추정할 수 있었다.

하 단장의 민단-조총련 일체화 공작이 와해된 이듬해인 2007년 10월 노무현 대통령은 북한 김정일 국방위원장과 제2차 남북정상회담을 성사시켰다. 노벨상급의 이벤트를 앞둔 상황에서는 전년도 가을 북한의 핵실험도 문제가 되지 않았던 것 같다.

'우호국'인 한국의 '재일동포단체'인 민단이 파괴방지법에 근거한 사찰 대상인 조총련의 품속으로 안기듯이 합병을 요구했다는 사태의 교훈은 무엇인가? 주시해야 할 것은 북한의 대외 행보만이 아니다. 내부에 심각한 이념 대립이 잠재하는 한국의 국내 정세에도 항상 관심을 가져야 한다는 것이다. 동해를 사이에 두고 핵실험을 여섯 번이나 감행하고 ICBM급을 비롯한 탄도미사일 발사를 반복하는 북한이라는 나라가 존재하고 있다. 또한, 이념 대립이 존재하는 한국은 정치상황 여하에 따라 노무현, 문재인 양 정권처럼 친북과 반일을 요체로 하는 정권이 출현할 수도 있는 불안정감에서 벗어나지 못하고 있다.

이런 동북아 주변환경을 생각하면 17년 전의 사건도 단순히 특별한 사례로 치부할 수만은 없을지도 모른다.

저자가 소개한 2006년 재일 민단의 조총련 통합 추진 시도는 국내에 잘 알려지지 않은 사실이다. 그러나 실제로 일본 경찰이 조총련과 통합 시 민단도 조총련과 마찬가지로 파괴방지법의 사찰 대상이 된다는 점을 강조하여, 민단 내 통합 반대 세력에게 힘을 실어줌으로써 민단이 조총련에 합병(?)되지 않고 유지되었다면 민단의 정체성을 유지하는 데 일본 경찰의 역할이 중요했던 것으로 평가받아야 할 것이다.

특히, 조총련과의 통합으로 인해 민단의 일본 내 탈북민 지원사업이 중단될 우려가 있었다는 점에 대해서는 대한민국 국민의 입장에서 공감하는 바가 클 수밖에 없다. 탈북민(탈북자, 북한이탈주민)은 북한인이 아니라 대한민국 국민이기 때문이다. 국내 탈북민 숫자가 3만 4천명을 넘어섰는데 아직도 탈북민의 지위에 대해 논란이 있다는 것은 유감스런 일이다. 헌법상 북한 지역은 대한민국의 영토가 분명하며(헌법 제3조: 대한민국의 영토는 한반도와 그 부속 도서로 한다), 북한은 한반도의 북쪽을 장악하고 있는 '반국가단체'에 불과하다. 따라서 북한 지역을 탈출한 주민은 대한민국의 국민으로서 보호받아야 마땅하며, 대한민국에게 있어서 탈북민은 '난민'이 아니라 '국민'인 것이다. 따라서 북한을 이탈하여 대한민국에 입국한 탈북민이 설사 극악한 범죄를 저지른 흉악범이라 하더라도 그들을 북한으로 돌려보내서는 안 되며, 대한민국 정부의 수사 결과에 따라 대한민국의 법정에 세워 처벌을 받도록 해야 하는 것이다.

탈북자의 처우와 관련하여 늘 문제시 되는 것은 가장 많은 탈북자의 탈출 경로가 되고 있는 중국 정부의 탈북자에 대한 태도이다. 중국은 우리 정부의 요청에도 불구하고 기본적으로 탈북자를 북한으로 송환하고 있으며, 2023년 10월에는 항저우 아시안게임 폐막 다음날을 기해 코로나 봉쇄기간

3년 동안 구금되어 있던 탈북자 2,000여 명 가운데 500-600명을 기습 북송하여 국제사회의 비난을 받기도 했다.

한편, 일본은 재일동포중 북송되었다가 탈북한 사람과 그 가족 등 일본에 연고가 있는 탈북자에 한해 정착을 허용하고 있으며, 탈북자 지원 민단센터가 이들을 돕고 있다. 현재 일본 내 탈북민은 250-300명으로 추산된다.

「야마구치구미」 마피아 정상회담 계획

「야마구치구미」 마피아 정상회담계획

1992년 3월부터 1995년 3월까지 3년간 나는 주프랑스 일본대사관에서 1등서기관으로 근무하였다. 1992년 3월 2일 부임하여 전임 「이가라시 구니오」 1등서기관(후에 황궁경찰본부장)과 인계인수를 끝내자 이내 어수선한 날들이 시작되었다. 4월 28일부터는 「미야자와 기이치」 총리의 프랑스 방문도 있었다.

경찰청 파견 1등서기관은 프랑스대사관에서 내정반장을 맡았다. 업무는 치안·경비분만 아니라 프랑스의 국내정보수집이나 정치정세 분석도 포함되었다.

최대 카운터파트는 해외 영토를 포함한 지방행정부터 경찰, 민방위, 소방, 출입국 관리까지 관장하는 거대한 관청인 내무부이다. 총리 방문이 결정되면 정상회담을 포함해 일정이 안전·확실하게 진행되도록 내무성과도 협조해 정보수집과 분석을 하며 경비계획을 총괄한다. 대통령 선거는 물론이고 상원·하원, 유럽의회 의원선거 등 주요 국정선거나 지방선거가 다가오면 외무성 유럽국 서구 1과(현재의 서구과)와 연락을 취하며 정세인식을 공유하는 작업에도 몰두하였다.

재임 중에 나는 일본·프랑스 합동 공작을 통해 유럽 굴지의 치안·정보기관인 『국토감시국(DST, Direction de la Surveillance du Territoire)』-2008년에 『종합정보부문(RG, Renseignements Generaux)』을 흡수하여 현재의 『국내치안총국(DGSI, Direction Generale de la Securite Interieure)』으로 개편된다-의 실력을 엿보게 되었다. 스파이나 테러리스트와 대치하는 DST는 치안 교란의 조그만 징조도 놓치지 않고 프랑스 영토 내 '위기의 싹'을 철저히 제거한다. DST의 본질은 "경찰의 본연의 자세는 어떤 것이어야 하는가?"라는 나의 경찰관(觀) 형성에도 짙게 투영되었다.

프랑스 당국과 「일본 적군」의 인연

1992년 7월 28일 국제 테러를 담당하는 경찰청 외사 제2과의 「이시카와 이이치로」 과장보좌(후에 긴키관구 경찰국장)가 프랑스로 출장을 왔다.

당시 DST를 포함한 프랑스 치안·정보당국은 「일본 적군(JRA)」의 동향 파악에 각별한 관심이 있었다. 경찰청으로서도 중동과 마그레브 지역에 넓은 기반을 가진 프랑스 당국과의 협조 강화에 힘을 쏟고 있었다. 「이시카와」 과장보좌의 출장도 JRA에 관한 정보수집 및 프랑스 당국과 정보교환 목적 때문이었다.

이미 말했듯이 JRA는 '국제근거지론'을 활동방침으로 하여 1971년 2월에 공산주의자 동맹 적군파인 「시게노부 후사코」 전 최고 간부가 『팔레스타인 해방 인민전선(PFLP)』과 접촉해 그 지원 아래 『공산주의자동맹 적군파 아랍지부』를 조직하였다. 1972년 텔아비브 로드국제공항 무차별 난사 사건을 계기로 「일본 적군」이라 불리게 되었고 레바논 등 중동을 발판으로 세계 각지에서 연이은 유혈 테러나 하이재킹 같은 흉악 범죄를 일으켰다.

JRA와 프랑스 당국과의 인연은 1974년 7월 JRA 코만도(돌격대원) 「야마다 요시아키」가 위조여권으로 입국할 때 프랑스 당국이 이 자를 파리 오를리공항에서 위조 미국 달러 소지와 위조여권 행사혐의로 체포하면서 시작되었다. 체포 당시 「야마다」는 작전지령서를 잘게 찢어서 화장실에 유기하였는데 DST는 이를 모두 회수하였다. 종이조각을 이어붙인 일본어 지령을 프랑스어로 번역한 것은 당시 「구니마쓰 다카지」 1등

서기관(후에 경찰청 장관)이었다. 사건의 전체적 실체 규명에 공헌한 그의 공적은 나의 부임 이후에도 프랑스 내에서 회자되고 있었다.

JRA는「야마다」의 탈환을 목적으로 네덜란드 헤이그의 프랑스대사관에서 인질을 잡고 농성하였다. 프랑스 정부는 최종적으로 JRA의 요구를 받아들여「야마다」를 석방, 피신용 에어프랑스 비행기까지 준비하는 굴욕을 맛보았다. JRA가 거점을 만든 지중해 동부 연안 레반트 지역이나 북서 아프리카 마그레브 지역에는 프랑스 옛 식민지가 존재하여 프랑스 어권을 형성하고 있다. 앞마당을 유린당한 모양새의 프랑스가 JRA 단속에 에너지를 쏟은 것은 너무나 당연한 일이었다.

한편 일본도 JRA의 배출지라는 오명에다 '다카 사건'으로 검거한 범죄자를 '초법규적 조치'라는 명분으로 석방시킨 것 때문에 제 발등을 찍는 꼴이 되었다. 본 사건으로 석방된 수형자의 모습, '두바이 사건'의 일항기 폭파 영상은 그 후 몇 번이나 TV 등에서 방영되어 전 세계 시청자의 간담을 서늘하게 만들고 JRA의 흉악한 이미지를 강렬하게 남겼다.

같은 고초를 겪은 일본 경찰이 프랑스의 치안·정보기관을 유럽의 주요 카운터파트로 삼은 것은 필연적인 흐름이었다.

여성 침구사와「일본 적군(JRA)」멤버

이러한 배경 아래서 프랑스와는 국제 테러 담당관의 왕래가 빈번하였는데,「이시카와」과장보좌의 출장도 그 일환이었다. 당시 일본 당국은 한 가지 정보를 입수했다.

《(레바논의) 베카 고원에 거주하며 JRA와 접촉한 경력이 있는 레바논 여성 침구사가 프랑스로 이주하였다. 이 사람은 프랑스 입국 후에도 일본과 레바논의 관계자와 연락하고 있다.》

프랑스 당국은 JRA가 자국 내에 새로운 기반을 구축하려고 할 가능성에 중대한 관심을 가지고 감시를 강화하였다. 여성 침구사가 불법 입국 후 신원 미상의 일본인 여성과 접촉하고 있는 것도 파악하고 있었다. 여성 침구사는 과거 일본 내 팔레스타인 지원세력의 협조 등도 얻으면서 일본에서 침구 치료 지식과 기술을 익힌 인물이었다. 몇몇 국가의 테러 대책 기구에서는 PFLP와 『팔레스타인해방기구(PLO, Palestine Liberation Organization)』의 후원자로 인식되기도 하였다.

프랑스 당국은 경계를 강화했지만 한편으로는 여성 침구사가 당시 이미 JRA의 무장투쟁 노선으로부터 거리를 두고 의료활동에 전념하고 있음이 파악되었다. 만일 여성 침구사가 프랑스에 거점을 마련했다고 해도 JRA 코만도(돌격대원)와 접촉한다고 간주하기는 어려웠다. 이러한 우리의 분석을 전하자 프랑스 당국은 일단 태도가 누그러졌다.

하지만 그 후 경찰청에서 완전히 새로운 정보가 전달되었다. 이번에는 동남아시아에서 파리를 경유하여 베이루트로 향하는 일본인 여성이 있는데 그녀가 JRA 멤버 「오가사와라 지카코」(가명)일 가능성이 크다는 것이었다. 이 정보를 입수한 프랑스 당국은 술렁거렸다. 프랑스 국내에서 JRA 후원자와 아직 증거가 포착되지 않은 JRA 멤버 간의 접촉이 추정됐기 때문이었다. 이는 앞서 입수된 정보와도 부합되었다.

프랑스에서 미국으로 향하던 「이시카와」 과장보좌는 8월 2일 급히 프랑스로 행선지를 변경했고 일요일임에도 불구하고 이날 이른 아침부터 DST에서 회의를 하였다.

「오가사와라」는 1947년에 도쿄 마루노우치 『미쓰비시중공업』 빌딩 폭파 등 이른바 '연속 기업 폭파 사건'에 관여하여 1975년 5월에 체포된 『동아시아 반일 무장전선 '늑대'』 그룹의 한 명이었다. 1977년 '다카 사건' 이후 초법적 조치로 석방되어 출국하였다. 만일 「오가사와라」 본인이 맞다면 프랑스로서는 JRA의 국내 거점설치 공작을 미연에 방지하는 한편 JRA 멤버들을 줄줄이 검거할 수 있는 가능성도 있었다.

한편, 일본 경찰로서는 도주 중인 「오가사와라」의 신병을 15년 만에 확보하는 천재일우의 기회였다.

엄중 경계 태세의 샤를드골공항

경찰청은 「오가사와라 지카코」로 추정되는 인물에 관해 프랑스 치안·정보기관과 긴밀히 연계하여 국내에서의 행동과 당사자 여부를 확인한 후에 최종적으로 검거 여부를 결정한다는 방침을 정하였다. 이후 나는 「이시카와」 과장 보좌와 함께 일본·프랑스 합동 공작에 참가하게 되었다.

「오가사와라 지카코」로 추정되는 인물은 1992년 8월 5일 사전 정보대로 싱가포르발 SQ337편으로 입국하였다. 파리 시내에서 하루를 묵고 베이루트로 향하는 일정에는 변화가 보이지 않았다.

프랑스 당국은 자국에 체류하는 24시간 내에 '「오가사와라」인지 아닌지'를 판별하지 않으면 안 되었다. 여름 휴가철 특유의 개방감이 가득한 샤를드골공항에는 제복 경찰관이 순찰을 돌았다. DST 대테러 요원도 배치되어 있었지만 이들은 일반인으로 위장하고 있어 분간할 수 없었다. 환승 항공사의 여직원이 긴장한 나머지 대상자 앞에서 지상 직원으로 분장한 DST 요원에게 물어보러 자리를 비우는 해프닝을 일으켜 간담이 서늘해지는 순간을 겪었지만 공작은 순조롭게 진행되었다.

다양한 각도의 꼼꼼한 관찰과 숙련된 DST 요원들의 노력을 통해 개인 식별에 필요한 증거를 채취하였다. 경찰청의 분석을 거친 결과 우리는 대상자가 "「오가사와라 지가코」가 아니다."라고 판단하였다.

여성은 다음날 예약한 ME211편에 탑승해 베이루트로 향하였다.

"해당 여성은 베이루트공항에서 마중 나온 남자와 뜨거운 포옹을 나눴다." 베이루트공항에서 보낸 연락관의 보고가 우리의 공작이 헛스윙으로 끝났음을 말해주고 있었다.

「야마구치구미」의 후계자 「다쿠미 마사루」 프랑스 입국 정보

프랑스 근무 기간 중에는 숨 돌릴 틈도 없이 다른 일들이 찾아왔다. JRA를 둘러싼 일본·프랑스 합동 공작으로부터 얼마 지나지 않아서다. 광역폭력단 『야마구치구미』의 5대 조장의 후계자 「다쿠미 마사루」가 프랑스를 방문한다는 보도가 나왔다.

나는 순간 "말도 안 돼."라고 중얼거렸다. 「다쿠미 마사루」는 1992년 7월 30일 외환 및 외국무역 관리법 위반 혐의로 오사카부 경찰에 체포되었다.

나는 즉시 발족한 지 얼마 되지 않은 경찰청 폭력단대책 제2과 담당관에게 전화를 걸어 석방·출국허가까지 내려진 경위 및 「다쿠미 마사루」의 의도와 사태 추이의 전망을 물었다. 담당관도 당황한 듯 판사가 결정한 일이라는 설명으로 일관하였다.

「다쿠미 마사루」는 체포되자 간 질환 등 지병이 악화되었다고 주장하였다. 구치시설 외부 의료시설에서 치료를 받을 필요가 있다며 구속 집행정지를 호소하였다. 오사카 지방법원은 이 주장을 받아들인 데다 놀랍게도 출국까지 승인한 것이었다. 모두 언론에 보도된 내용이었다. 이 사법판단은 완전히 잘못된 것이었다. 검찰 당국은 왜 더 강하게 설득해 판사의 오판을 바로잡지 않았을까? 분노마저 느껴졌다. 이것은 일본-프랑스 간 전체적 관계와도 관련된 중대한 문제로서 프랑스 치안 당국과의 관계를 감안하더라도 상황을 통보하지 않을 수 없었다.

경찰청 간부에게 거의 일방적으로 통보하고 같은 해 8월 17일 오후, 지하철 비라켐(Bir-Hakeim)역 근방 파리시 15구 그루넬 거리(Boulevard de Grenelle)에 인접한 DST 본부로 향하였다. 자유 프랑스군과 「롬멜」의 독일 기갑사단이 싸운 북아프리카 격전지에서 이름을 따온 비라켐역은 지하철 6호선이 세느강을 오른쪽 강변에서 왼쪽 강변으로 지나가는 곳에 소재하며 지하철역이라고는 하지만 철교 옆에 위치한 고가역이다. 머리 위에서는 지하철의 통과 소음이 둔탁하게 울렸다.

나는 DST 본부의 대각선 맞은편 카페 테라스에서 더블 에스프레소(Express double)를 마시며 약속한 3시까지 전달 내용을 심사숙고하였다.

나는 '프랑스 치안의 요체'

「오가사와라 지카코」의 프랑스 방문 정보가 결과적으로 헛발질로 끝난 데 이어 이번에는 일본이 석방한 광역폭력단 넘버 2의 방문 건이었다. 일본은 또다시 프랑스에 '치안교란 요인'을 들여보낸 꼴이 되었다. 그렇게 된 전말과 일본 조폭조직의 개요를 이야기하지 않을 수 없었다. 나는 뭐라고 설명할 수 없는 기분으로 카운터파트 앞에 앉았다.

'프랑스공화국 영토 안에서 국가권력에 의하여 교사, 기도, 지원되어 프랑스공화국의 안전을 위협하는 활동을 조사·예방·진압하는 것(1982년 12월 22일자, 정령 제82-1100)'을 임무로 하는 DST로서는 일본의 폭력단 등은 본래의 직무와는 무관하였다.

DST로서는 프랑스 영화 『볼사리노』에서 「알랭 드롱」과 「쟝 폴 벨몽드」가 연기한 세계보다 더 관계없음이 분명하였다. 조직폭력 대책은 「쥴 메그레」 경시나 「까뮤 베르벵」 경부 등으로 유명한 '사법 경찰(Police Judiciaire)'의 임무인 것도 충분히 알고 있었다.

"본건은 조직폭력 고위급 간부의 출입국관리와 범죄대책에 관한 사항으로 주로 사법경찰국의 소관이라고 생각하는데, 귀국(局)에 통보하는 것이 국가경찰총국에 통보하는 것으로 간주되는가?"

나는 먼저 통보 창구를 확인한 다음 계속하였다.

"일본·프랑스 공동으로 진행한 공작에 대한 귀국(局)의 대처를 생각하면, 귀국(國)에 대한 위협의 침입저지라는 관점에서 본건의 취급에 대해서도 귀국(局)이 가장 적합하지 않은가?"

이에 DST 담당관이 재치 있는 말로 응한다.

"무슈 「기타무라」, 프랑스 치안에 중대한 영향을 미칠 수 있는 귀중한 정보의 제공에 감사하다. 본건에 관하여 국가경찰총국 내, 예를 들어 국경경찰국 등과의 조정이나 사법부·국방부·국가헌병대와의 대외 교섭은 모두 DST에서 한다. 공작에 대해서도 우리가 직접 조정할 테니 이 채널을 그대로 유지해 달라."

「오가사와라 지카코」 입국 정보의 헛발질에 대한 유감도 전혀 없었고 나야말로 '프랑스 치안의 요체'라는 강렬한 프라이드를 지닌 DST의 본류 의식을 목격한 순간이었다.

반면에 번번이 '치안교란 요인'을 외부로 내보내는 쪽이 된 일본은 어떤가? "판사들이 인정했으니, 어쩔 수 없다." 거기에는 대외관계에 대한 국가적 고려가 전혀 존재하지 않았다. 법원, 검찰, 경찰은 조폭의 국제진출 동향에 어떻게 대처해야 하는가? 기본적인 관점과 주체성도 심히 결여되었다.

밀라노에서 이탈리아 마피아와 회의

DST에서 나온 뒤 나는 또 한 군데 갈 곳이 있었다. '국가헌병대'(당시에는 국방부 소관, 현재는 내무부·군사부가 공동으로 관리하는 군 경찰조직인 Gendarmerie Nationale, 이하 GN)이다.

프랑스에는 경찰이 두 개 있다. 하나는 내무부 소관 국가경찰이고 다른 하나는 국가헌병대이다. 이것은 프랑스의 몽테스키외 이래의 전통인 "분할하여 통치하라(Divide etimpera)", "권력분립(Separation Des pouvoirs)" 사상을 경찰이라는 권력기구에 적용시킨 것일 터이다.

기본적으로 도시지역은 국가경찰, 지방은 국가헌병대라는 대략적인 관할 구분이 존재한다. 그러나 실상은 더 복잡하다. 예를 들어 이 사건의 무대가 되는 샤를드골공항은 그 외곽은 국가경찰의 관할이지만 활주로 등의 공항 시설은 국가헌병대가 관할하고 있어, 이번 공작에서는 국가헌병대의 협력을 얻는 것이 불가피하였다.

1992년 8월 18일 파리시의 고급 주택가 16구에 소재하는 GN의 파리연락사무소에서 입가에 카이젤 수염을 기른 「쟝 프랑스와 라밴드」 대령(가명)과 상대하였다. 일본의 경찰 주재관이 일부러 카운터파트가 아닌 GN을 직접 방문한 것에 기분이 좋았는지 상대방은 매우 우호적이었다.

"무슈 「기타무라」, 알고 계실지도 모르겠지만 본건은 단순히 「다쿠미 마사루」라고 하는 일본 마피아 간부의 동향에 관한 문제가 아닙니다."

수염을 한 번 쓰다듬은 후 말을 꺼낸 「라밴드」는 「다쿠미 마사루」와 동시에 『야마구치구미』 5대 조장인 「와타나베 요시노리」도 프랑스를 방문할 계획이 있음을 밝혔다. 내가 '알고 있다'라는 의미로 고개를 끄덕이자 「라밴드」는 담담하게 말을 계속하였다.

"사실은 「와타나베 요시노리」와 「다쿠미 마사루」는 프랑스에 입국한 후 밀라노로 들어가 이탈리아 마피아와 회의를 가질 예정입니다."

몰랐다. GN의 정보를 추가하면 본건은 전혀 다른 구도가 된다. 일본·이탈리아의 마피아가 이탈리아에서 정상회담을 계획하고 있었다. 『야마구치구미』는 프랑스를 정상회담의 경유지로 이용하려 했던 것이다.

「다쿠미 마사루」는 출국 이유로 해외에서의 입원치료를 들었지만, 이탈리아에서 마피아 정상회담이 계획되어 있다고 하면 그것이 거짓이라는 의심마저 들게 하였다.

돈·인간·영역으로 궁지에 몰아넣다

『야마구치구미』는 왜 이탈리아 마피아와 접근을 시도했을까? 그것은 『야마구치구미』를 비롯한 폭력단이 당시 단속과 법 정비 강화로 국내에서는 생계가 곤란해질 우려가 있음을 느끼고 국제화를 지향했기 때문이다. 당시 폭력단을 둘러싼 환경을 보면 국제화 시도의 배경이 보였다.

폭력단의 구성원·준구성원을 합한 총 인원수는 최근에는 감소 추세이지만 1991년 약 91,000명으로 헤이세이(1989년~2019년) 이후 정점에 달하였다. 정부는 세력확장을 억누르기 위해 법·규제 강화에 나섰다. 1992년 3월 1일 '폭력단원에 의한 부당행위 방지 등에 관한 법률(이하 폭력단대책법)'이 시행되었다. 이 법안 작성은 경찰청 법제팀이 총동원된 큰 작업이었다. 이 법은 조폭 대책을 위해 경찰이 모든 입법 기술을 동원해 총력을 기울인 결과였다. 법 시행일을 연도가 바뀌는 시기가 아닌 3월 1일로 앞당긴 데에도 경찰청의 의지가 드러난다.

일정이 앞당겨지면서 시행 준비 현장은 눈코 뜰 새 없이 바쁜 상황이었다. 나도 프랑스 부임이 결정된 후인 1991년 8월 말부터 프랑스로 가기 직전인 1992년 2월까지 수사 제2과(당시) 시행팀에서 폭력 추방운동 추진센터 설치업무에 매달려 있었다.

주프랑스 대사관에 있으면서 『야마구치구미』 5대 조장의 후계자인 「다쿠미 마사루」의 프랑스 방문 정보에 즉시 대응할 수 있었던 것은 부임 직전까지 폭력단대책팀 사무실에서 연일 새벽 2시, 3시까지 시행 준비를 담당하고 있었기 때문일지도 모른다.

폭력단 조직의 힘의 원천인 '돈·사람·영역(사무실 등 거점)'의 분야에서 조직을 궁지에 몰아넣기 위한 폭력단대책법은 앞에서 기술한 바와 같이 「다쿠미 마사루」, 「와타나베 요시노리」 등 『야마구치구미』 최고 간부가 국제연대로 생존을 모색할 수밖에 없을 정도로 폭력단 사회에 위기감을 주고 있었다.

폭력단대책법 제3조에서 《각 지방 공안위원회는 (생략) 해당 폭력단을 '그 폭력단원이 집단적 또는 상습적으로 폭력행위 등을 자행하는 것을 조장할 우려가 큰 폭력단으로 지정하는 것'으로 한다.》라고 정의하고 있지만, 지정의 전제로서 해당 폭력단 측의 주장을 듣는 '의견청취' 절차를 정하고 있다. 격진에 휩쓸린 『야마구치구미』·『스미요시카이』·『이나가와카이』 등 주요 폭력단체는 경찰 조사 때 최고 간부나 변호사를 동원하여 간부들 스스로 '폭력단'임을 부정하였다. 최대 세력인 『야마구치구미』의 위기감은 특히 강했는데, 폭력단대책법 시행 한 달 만에 실시된 효고현 공안위원회의 조사에서 "법률에서 정하는 폭력단에 해당하지 않는다."라고 주장한 뒤 폭력단대책법을 헌법위반이라고 맹비난하며 저항하였다.

"조직범죄자는 국토를 밟지 못하게 하겠다"

「다쿠미 마사루」는 『야마구치구미』 5대 조장 「와타나베 요시노리」의 후계자로서 조직의 의견을 전파하는 역할을 담당하고 있었다. 그러한 『야마구치구미』의 대변인을 태운 JAL 405편이 샤를드골공항에 도착한 것은 1992년 8월 19일 오후 5시 24분이었다. 이에 앞서 나는 이날 오후 3시에 다시 비라켐의 DST 본부를 방문해 정보 조정과 경계경비의 최종 확인을 마쳤다.

공작의 창구였던 DST에 프랑스 당국의 기본적 대처방안을 묻자 강제 퇴거(expulsion, 국외추방)라고 하였다. 그래서 이쪽이 "어떻게 집행할 것인가?"라고 물으려 하자, 상대방은 이를 가로막듯 "프랑스 경찰은 조직범죄자에게 프랑스 국토를 밟게 하는 일은 없을 것이다."라고 잘라 말하였다.

프랑스 당국이 상정한 「다쿠미 마사루」 강제송환 공작은 일본의 '통상 절차'와는 상당히 다른 것이었다. 일본에서는 공·항만을 통한 불법 입국자 강제송환의 경우 일단 시설에 수용하는 단계를 거치지만, 프랑스에서는 그런 우회적 방법을 취하지 않는다.

공중에 떠 있는 거대한 원반 모양의 제1터미널에 주기한 JAL 405편은 마치 계엄령이 내려진 듯한 샤를드골공항에서 꼬리날개의 붉은 학 마크가 밤의 어둠 속에 조명으로 선명하게 드러나 있었다.

프랑스 당국의 지시로 우선 일반승객들을 비행기에서 신속하게 내리게 한 다음 국가경찰 수 명이 이 비행기에 올라 「다쿠미 마사루」와 경호원이 앉은 자리를 에워싸고 신원을 확인하였다. 이와 거의 동시에 완전무장한 특수부대원도 탑승해 「다쿠미 마사루」 등 2명의 일거수일투족을 주시하였다.

「다쿠미 마사루」와 경호원이 초조해하는 와중에서 "프랑스공화국 입국을 금지한다."라고 통보하였다. 경호원이 "이 자식!"이라고 화를 내면서 몸을 움직이자마자 순식간에 경찰관들이 그를 제압했다. 결국 두 사람은 감시를 받으며 잠시 JAL 기내에서 대기할 수밖에 없었고 이 비행기는 일본으로의 비행준비를 끝낸 후 그대로 귀국하였다. 프랑스 당국은 말 그대로 「다쿠미 마사루」가 프랑스 국토를 1mm도 밟지 못하게 하고 일본 항공기 안에 억류한 채 일본으로 돌려보냈다.

쓸데없는 말을 많이 하는 일본 경찰과 달리 준열한 프랑스식 무언의 직무집행 현장이 눈에 떠올랐다.

「라밴드」 대령의 정보력

일본 최대 폭력단의 2인자는 왜 쉽게 출국이 허용된 것일까?

앞서 말한 바와 같이 「다쿠미 마사루」는 체포된 후 간 질환 등의 지병이 악화해 "구치소에서 견딜 수 없다."라며 문제를 제기해 오사카 지방법원으로부터 구속 집행정지를 인정받았다. 치료를 목적으로 하는 집행정지이기 때문에 그 기간 동안 거주지는 특정 병원이 된다. 그러나 병원 이사장이 "우리 병원 검사에서는 질병 원인 등에 대해서 최종적인 판단을 할 수 없다. 프랑스 일류 병원의 입원 승낙을 얻었다."라는 취지의 상신서를 제출하자 오사카 지방법원은 이에 따라 주거제한의 변경을 승인해주었다.

하지만 경찰청이 ICPO(국제형사경찰기구)를 통해 사실관계 조회를 해본 결과 입원치료를 받을 파리 병원에서는 어떠한 절차도 진행되지 않았다고 했다.

이 사실을 알았을 때 모든 것을 다 꿰뚫어 보듯 수염을 쓰다듬는 GN의「라밴드」대령의 얼굴이 뇌리를 스쳤다.

해설 10 야쿠자와 한국 조폭의 차이

일본의 야쿠자는 중국의 삼합회, 이탈리아의 마피아와 함께 흔히 세계 3대 폭력조직으로 일컬어진다. 17세기 전국시대가 끝나고 갈 곳을 잃은 하급 무사들이 쓸모없는 자원으로 전락한 것이 시초라고 하며, 이후 도박장을 운영하면서 세력을 키웠다고 한다. 2차 대전 후 물자가 부족해지자 암시장을 장악하여 수익을 올렸고, 1950년대에는 필로폰이 불법화되자 마약 사업으로 막대한 수익을 올렸으며, 1960년대에는 유흥업과 성매매를 통해 크게 부흥하여 한때 전국 조직수가 5,400여 개에 달하기도 했다고 한다.

본문에서 거론된 야마구치구미는 일본 내 최대의 야쿠자 조직(2위 스미요시카이, 3위 이나가와카이)으로 예전에는 도박, 사채, 마약, 매춘 등 범죄 기반수입에 의존했으나 조직이 커지면서 건설, 연예, 주식 등 합법적 사업으로 포장된 회사를 운용하며 영역을 확장하고 있는데, 연간 수입이 수

십조 원에 달한다고 한다. 야마구치구미의 후계자 싸움인 야마이치 항쟁 (1984-1987)은 일본 역사상 최악의 폭력조직 싸움으로 야쿠자만 25명이 사망했으며, 일반 시민을 포함한 70여 명이 부상하는 등 잔인함으로 일본 사회에 충격을 주었다. 이는 일본 정부가 1992년 '폭력단 대처법'을 도입하는 계기가 되었고, 모든 수익원이 차단되자 2010년대 들어와서 야쿠자 세력은 급격히 쇠퇴했다. 하지만 여전히 일부 야쿠자들은 중국 삼합회, 미국 마피아, 한국의 조폭들과 국제적으로 연대하여 마약 거래를 산업화하며 이권을 챙기고 있다.

국내에서는 2004년 7월 일본 3대 야쿠자 조직인 '스미요시카이'가 조직원인 재일교포 명의로 호텔을 인수하기도 했으며, 2005년에는 국정원이 야쿠자 33개 조직 8만 7천명 가운데 야마구치구미 등 8개 조직이 칠성파 등 국내 범죄 조직과 결탁해 금융, 부동산 시장 진출을 기도하고 있다고 국회 정보위에 보고하기도 하였다. 2016년 8월에는 부산에서 야쿠자 중간 보스가 체포되었는데, 은신처에서 실탄이 장전된 권총이 발견되어 큰 충격을 주기도 했다. 한편 미국정부는 2011년 야쿠자를 국제범죄조직으로 규정했으며, 2016년에는 미국 재무부가 2개 야쿠자 조직 및 핵심 조직원에 대해 마약밀매와 돈세탁 혐의로 경제제재 대상에 지정했을 정도로 일본 및 국제사회에서의 인지도와 영향력은 한국의 조폭과는 비교되지 않을 만큼 막강하다.

제11장

중국 스파이의
TPP 방해 공작

중국 스파이의 TPP 방해 공작

중국의 대전략을 극단적으로 표현하면 '미국을 능가하여 세계질서의 정점에 서는 것'이라고 할 수 있을 것이다.

호주의 작가 겸 비평가「클라이브 해밀턴」은 저서『조용한 침공(Silent Invasion)』일본어 번역판에서 중국이 의도하는 바를 '미국이 가진 동맹관계의 해체'라고 주장하고 있다. 일본을 비롯한 동맹국들을 미국에서 분리시킴으로써 미국의 세계전략에서 힘의 원천인 동맹 자체를 약화시키려 한다는「해밀턴」의 지적은 혜안이다.「해밀턴」은 일본을 약화시키기 위한 침략의 실태에 대해서도 개략적으로 다음과 같이 말하고 있다.

《수천명에 이르는 중국 공산당의 에이전트가 스파이 활동이나 영향력 공작, 그리고 통일전선활동에 종사한다. 일본 정부기관의 독립성을 훼손하고 베이징의 역내 지배공작에 대항하는 일본의 힘을 약화시키려 하고 있다.》

실제로 나는 경찰청 외사정보부장직을 맡고 있던 2010년에 미국 주도의 세계질서에 도전하는 중국이 일본의 대외정책에 개입하는 사태에 직면하였다. 중국은 당시 일본의 환태평양 파트너십(Trans-Pacific Partnership) 참여를 저지하는 일을 획책하고 있었던 것이다.

중국이 농림수산성 고위관료에게 접근

　　그 정보를 접한 것은 외사정보부장으로서 미국 출장 중이던 2010년 1월 하순이었다.

　　미국 측 카운터파트와의 미팅이 연일 민감한 내용을 다루면서 몹시 기력을 소진하였다. 포토맥강이 내려다보이는 버지니아주 로즐린에 있는 싸구려 숙소 '홀리데이인'으로 돌아와 시차 해소를 위해 수면제를 먹고 아침까지 숙면하는 나날을 보냈다. 그러다 3박째 되는 날은 요란하게 울리는 구식 전화벨에 잠이 깼다. 반사적으로 시계를 보니 아직 한밤중이었다.

　　"「기타무라」 부장님, 「오카하타」입니다. 큰일 났어요."

　　가스미가세키의 고위 관료 「오카하타 히로시」(가명)였다. 그와는 동창인 친구 「가가와 슌스케」 재무성 대신관방장(후에 재무 사무차관, 고인)의 소개로 이전부터 친하게 지내고 있었다. 「가가와」가 "그 녀석은 머리가 좋아. 이과출신이니까. 안건을 이야기하면 바로 이해하지."라고 한 말처럼 두뇌 명석, 냉정, 침착함에서는 관료들 사이에서도 독보적인 존재였다.

　　"「기타무라」 부장님, 주일 중국대사관의 「리슌코(李春光)」라는 1등서기관을 아십니까?"

　　"「리……」. 들어본 적은 있지. 그게 어쨌단 말이야?"

　　"「리슌코」가 설치고 있습니다. 이대로 방치하면 일본은 망합니다."

　　「오카하타」는 모든 일에 과장하는 타입이 아니었다.

　　"일본이 망한다고? 예삿일이 아니네."

　　「오카하타」가 전해 온 정보는 대략 이하와 같았다.

　　주일 중국대사관 경제처에 소속된 1등서기관 「리슌코」가 농림수산성의 고관 등을 연달아 접촉하였다. 요코하마에서 개최되는 APEC(Asia Pacific Economic Cooperation, 아시아태평양 경제협력)의 주요 의제인 TPP와 관련하여 '협의 개시'라는 일본의 대응 방침을 왜곡시키려 하고 있었다.

말할 필요도 없이 TPP를 포함한 다자무역의 틀은 관세철폐와 자유무역에 의한 경제적 혜택만을 목적으로 하는 것이 아니다. 당시 「버락 오바마」 미국 행정부가 TPP를 추진하려 했던 배경에는 중국의 대두로 인도·태평양 지역에서 영향력이 급격히 떨어진 미국의 심상치 않은 위기감이 있었다. 그리고 이 지역에 대한 무관심을 바로잡고 영향력을 되찾겠다는 의도였다. 「오바마」 정권에게는, 내년 이후 표명하게 될 아시아·태평양 지역에 대한 외교와 경제전략의 중점적 회귀, 즉 '리밸런싱 정책(Asia Pivot Strategy Rebalance)'의 일환이었다. 리밸런싱은 군사적 위상의 회복·유지 및 다자간 정치·경제의 틀에 대한 적극적 참여, 나아가 법의 지배에 기초한 지역질서 주도 등을 목적으로 하고 있는, 분명히 중국을 의식한 포괄적인 전략이었다. TPP는 당시 이 전략의 가장 중요한 부분으로 자리매김하고 있었다.

「오카하타」가 전해 온 것은 인도·태평양 지역에서 미국의 가장 중요한 동맹국이자 TPP에 대해 잠재적으로 큰 영향력을 가진 일본의 참여를 저지하기 위해 중국이 일본 농림수산성 고위관리 등에게 접근하고 있다는 동향이었다.

TPP 가입은 같은 해 11월 13일~14일 요코하마에서 개최되는 APEC 정상회의의 주요 의제이며, 「간 나오토」 민주당 정권이 TPP 참가를 위해 적극적으로 임하고 있는 것으로 알려져 있었다. 그런데 그 이면에서 외국세력이 이를 저지하기 위해 준동하고 있었던 것이다.

'「레프첸코」 증언'을 상기

「리슌코」의 활동은 일본의 외교·경제통상정책에 대한 노골적인 개입이었는데 이는 첩보활동 중에서도 가장 고도의 부류에 속한다. 즉 정관계, 언론계에 함양, 획득한 인적자원을 종횡무진으로 활용하여 정책결정에 영향을 미치는 '영향력 공작(Influence Operation)'이라는 것이다.

그 순간 '「레프첸코」 증언'이 떠올랐다.

일본에서 미국으로 망명한 소련의 『신시대(노보예 브레미야)』지 도쿄지국장 「스타니슬라프 레프첸코」는 그 직책을 이용하여 일본 각계에 대해, 미·일·중 이간, 친소련 로비스트 부식, 일·소 선린협력조약 체결, 북방영토 반환운동 진정화 등을 목적으로 정치공작을 행하였다. 이 사실은 1982년 7월 미국 하원 정보특별위원회에서 '소련의 정치공작'으로 밝혀져 당시 일본 각계에 큰 파문을 일으켰다. 이것도 영향력 공작(Influence Operation)이나 다름없었다.

당시 중국 측이 어디까지 당시 민주당 정권과 그 주변에 침투하였는지는 확실치 않았지만 「오카하타」의 이야기를 다 듣고나자 사태의 중대함에 졸음도 날아가고 있었다. 나는 도쿄에서 「오카하타」를 직접 만나 정보교환을 하기로 약속하고 전화를 끊었다.

귀국 다음 날인 2010년 11월 1일 경찰청 외사과의 「시게나가 다쓰야」 이사관(현 군마현 경찰본부장)에게 개요를 전달하였다. 「시게나가」 이사관은 빠르게 움직였다. "즉시 경시청에 전달하겠습니다."라며 사건의 대상인물에 대한 혐의 규명을 요청했다.

우선 「리슌코」에 대해서 스파이 활동을 위한 접촉 같은 특이동향이 있는지 여부를 확인하는 것이 선결과제였다.

경시청 공안부에서 중국의 첩보활동을 감시·단속하는 외사 제2과(당시)는「리슌코」에 대해 2007년 입국 당시부터 스파이 혐의를 염두에 두고 있었다. 경시청이 그의 존재에 주목한 것은 중국 내 다른 간첩 사건이 계기였다. 경시청은 방위청(당시) 기술연구본부의 기술관이 방위청에 출입하는 일본인 무역업자에게 잠수함 기술에 관한 세부내용이 담긴 자료를 전달한 사건을 수사하는 과정에서 방위 관계자에게 접근하려는「리슌코」의 존재를 파악하고 있었다.

경시청은「시게나가」이사관으로부터 받은 정보를 돌파구로 삼아 영향력 공작혐의 규명에 착수하였다.

"「리슌코」는 보통내기가 아니다"

2010년 11월 2일 오전 8시 데이코쿠호텔의 프랑스 레스토랑 '레 세종'에서「오카하타」와 만났다.

"역시「리슌코」는 보통내기가 아니네."

내가 먼저 이야기를 꺼내면서「리슌코」의 동향에 대해서 분석을 곁들이며 설명을 한 후, TPP 참가 저지는 중국으로서는 전략적 가치가 높은 공작이라는 견해를 말한 다음「오카하타」의 말을 기다렸다.

「오카하타」는「리슌코」의 출장지 언동 등에 대해서 상세한 정보를 가지고 있었다. 세계 경제와 안전보장에 통달한「오카하타」에게 내가 TPP의 전략적 중요성을 설파하다니, 바로 '공자님 앞에서 문자쓰는 꼴'이었음을 나중에 반성하였다.

당시 TPP는 미국의 대(對) 중국 억지정책의 중요한 일부분이었다. 따라서 미일 동맹 이간을 목표로 하는 중국의 전략상 일본의 TPP 참여는 꼭 막고 싶었을 것이다. 당연히 중국은 일본 관료나 정권 요로에도 'TPP 가입 저지'라는 목표하에 침투하고 있는 것으로 추정되었다. 나는 '레 세종' 조찬에서 「리슌코」의 움직임 뒤에 중국의 뚜렷한 전략이 자리잡고 있음을 재확인했는데 실제로 「리슌코」는 스파이로서 상당히 깊숙하게 정관계에 침투해 있었다. 「리슌코」의 밝혀진 동향에서도 그것은 쉽게 찾아볼 수 있었다.

「리슌코」는 천안문 사건이 일어난 1989년 6월 인민해방군 산하 외국어학교(허난대학교라는 설도 있다) 졸업 후 인민해방군 총참모부에 배속되었다. 일본에서 처음으로 공식적인 동향이 확인된 것은 1993년 5월의 일이다. 「리슌코」는 후쿠시마현 스카가와시의 우호도시인 중국 뤄양시 직원으로 일본을 방문하였다. 『스카가와시 일중 우호협회』의 국제교류원이라는 직함이었다. 그 후 1995년 4월부터 1997년 3월까지 후쿠시마대 대학원에서 일중 관계에 관한 논문을 작성, 1997년 4월부터 1999년 3월까지 귀국, 최고 권위의 종합학술기관인 『중국사회과학원』에서 일본연구소 부주임, 1997년 4월 일본 입국, 『마쓰시타 정경숙』 해외 인턴으로 입학, 2003년부터 2007년까지 도쿄대학 부속기관인 『동양문화 연구소』·『공공정책대학원』 연구원 등을 지냈다. 훌륭한 '일본 전문가'의 탄생이었다. 일본 체류 동안 『인민해방군 총참모부 제2부』와의 관계는 조금도 드러내지 않고 중앙의 정·재계 인맥구축에 집중하였다.

대사관원 같은 공적인 직책을 부여받아 활동하는 스파이를 '오피셜 커버'라고 부른다. 이들은 부임과 귀국을 반복하며 경력을 쌓고 인맥을 넓히며 직위 상승과 함께 자신이 접촉하는 대상의 '격'을 높여 나간다.

「리슌코」는 1993년 스카가와시에 출현한 이후 17년간 일본의 정치·경제·사회 제도와 문화에 정통하게 되었다. 『마쓰시타 정경숙』 동기 중에는 훗날 민주당 국회의원이 된 인물도 있었다. '일본 연구자'라고 설명하면 의심도 받지않고 재계에도 인맥을 넓힐 수 있었다. 「리슌코」의 경력은 전형적인 '리피터(repeater, 여러 차례 해외로 파견되는 자)'였다.

대부분의 경우 리피터는 경력의 마지막 단계에서 건곤일척의 대승부가 걸린 큰 역할을 수행한다. 중국뿐만 아니라, 외사경찰이 대처해 온 역대 러시아 스파이들에게도 비슷한 경향이 있다.

「리슌코」에게 TPP 관련 미일의 보조를 교란시켜 동맹해체의 일단을 담당하는 작업은 스파이로서 그가 쌓아 올린 경력의 총결산이었던 것이 틀림없었다.

쌀 100만 톤과 희토류

정보수집이 진행되면서 「리슌코」가 일본의 정책 사이드에 제시한 TPP 가입 포기의 대가가 드러났다. 놀랍게도 중국 측은 ① 일본산 쌀 100만 톤 수입과 ② 희토류 금수조치 해제를 들고나온 것이었다. 쌀과 희토류는 일본 경제의 급소라고 할 수 있었다. 일본을 속속들이 파악하고 있는 중국만이 가능한 독특한 조건 설정이었다.

일본 정부는 1969년부터 경작 면적을 줄이며 쌀 생산 억제책을 채택해 왔지만 쌀은 남아돌았고 매입가격과 매도가격의 역전으로 적자는 확대되었다. 쌀이 너무 많이 남는 것은 심각한 문제였다. 그런 상황에서 중국이 100만 톤을 수입하겠다고 한다면 그야말로 "OK!"였다.

희토류는 더욱 뜨거운 이슈였다.

그해(2010년) 9월 7일, 오키나와현 이시가키시의 센카쿠제도 앞바다에서 중국 어선이 해상보안청 순시선에 충돌하는 사건이 발생하였다. 이 사건 처리에 격렬하게 반발한 중국은 희토류 수출 전면중지를 일본에 통보하였다. 희토류를 제품의 원료로 하는 하이테크 제조업을 중심으로 일본 산업계와 경제산업성은 큰 충격을 받았다.

당시 중국의 희토류 산출량은 전 세계의 97%에 달했으며 그 30% 이상이 일본에 수출되었다. 일본은 희토류를 원료로 하는 제품과 관련해서는 세계적 점유율과 최첨단 기술을 자랑하고 있었다. 주요 반도체용 네오듐 자석을 사용한 중간제품은 말레이시아와 중국으로 재수출돼 일본 기업에 막대한 이익을 가져다주었고, 그 당시 PC와 기타 하드디스크의 고성능 자석은 거의 전량을 일본에서 생산하고 있었다.

중국은 희토류 금수를 '경제적 무기'로 삼아 일본에게 외교·통상정책의 전환을 압박한 것이었다. 이 사건의 주안점은 바로 거기에 있었다. 이리하여 2010년은 중국의 노골적인 경제적 압력으로 경제안보의 중요성을 일본에 깊이 각인시킨 해가 되었다.

"적어도 현(県) 밖으로"의 대가

중의원 선거를 한 달 앞둔 2009년 여름 「하토야마 유키오」 민주당 대표가 미군 후텐마 기지(오키나와현 기노완시) 이전지에 대해 "적어도 (오키나와)현 밖으로 이전하는 방향으로 추진하겠다."라고 발언하자 미국 정부는 동맹관계에 대한 심각한 우려를 품게 되었다.

「하토야마」 총리는 그 후 「버락 오바마」 대통령에게 "Trust Me"라고 해명하였지만 후텐마 기지 이전 문제는 더욱 혼미해졌고 미국은 일본에 대한 불신만 남게 되었다.

당시 일본에서는 TPP 참가는 APEC 정상선언에서 아시아·태평양 자유무역권(FTAAP, Free Trade Areas of the Asia-Pacific)의 실현을 위한 지역적인 대처의 토대로 자리매김하여 합의를 추구할 것으로 여겨졌다. 당시 야당인 자민당과 공명당에서는 식량 안보와 자국의 농업보호 측면에서 의문을 제기해 왔지만, 전체적인 흐름은 2011년 하와이 타결을 향해 논의가 진행되고 있었다. 「리슌코」는 TPP 타결 직전 시점에 농업과 중요물자 공급망 두 가지 분야에서 비장의 카드를 꺼내 든 것이었다.

「오카하타」의 국제전화로「리슌코」의 대일 영향력 공작에 관한 정보를 들은 지 약 1년 후인 2010년 10월 나는 외사정보부장직을 떠나 경찰청 장관관방 총괄심의관으로 이동, 같은 해 12월 내각정보관에 임명되어 더 이상 방첩수사 동향을 직접 접하지는 않게 되었다. 그러나 그동안 동일본 대지진이라는 어려움을 겪으면서도 경시청 외사 제2과는 「리슌코」에 대한 혐의규명을 조용하게, 그러나 확실하게 진행하고 있었다.

'정계 루트'의 규명

경시청은 2012년 5월, 「리슌코」에게 출석을 요청하였다.

「리슌코」는 민간인으로서 취득한 외국인등록증을 불법으로 사용하였고 비엔나협약에서 금지된 영리활동혐의가 짙어졌다. 이들 혐의는 외교관의 외교활동에 부수되는 행위라고 말하기는 어려워 형사책임은 물을 수 있다고 판단했을 것이다. 같은 해 5월 중순 경찰 당국은 외무성을 통해 주일 중국대사관에 출두를 요청했지만「리슌코」는 일시 귀국해버렸다. 이에 경시청은 연구원으로 신분을 속여 불법으로 외국인등록증을 갱신했다며 외국인등록법 위반(허위신고)과 공정증서 원본 부실기재 및 행사혐의로「리슌코」를 서류 송치하였다.

「리슌코」 적발에 대해 중국 외교부 「류웨이민」 보도국 참사관은 정례 브리핑에서 "그(「리슌코」)가 첩보활동에 종사했다는 관련 보도는 전혀 근거가 없다."라고 부인하였다.

수사를 통해 판명된 사건의 기본구도는 불법 취득한 서류를 사용하여 은행 계좌를 개설, 건강식품 회사에 중국 투자를 권유한 후 그 회사의 고문이 되어 150만 엔의 고문료를 입금받았다는 것이지만, 「리슌코」가 민주당 정권의 「쓰쓰이 노부타카」 농림수산성 부대신 등 정무 3역과 접촉했기 때문에 '정계 루트'에 대한 규명 여부가 초점이 되었다.

'정계 루트'에서 의혹의 대상이 된 것은 '농산물 대중 수출촉진 사업'이었다. 「쓰쓰이」 부대신 등은 2010년 당시 "쌀 20만 톤을 수출할 수 있다면 경작 면적을 줄일 필요가 없어진다."라며 사업효과를 강조하였다. 같은 해 12월에는 자신이 방중하여 사업을 담당한 중국 국유기업 『중국농업발전집단』과 사업추진에 관한 문서를 주고받았다. 이 사업을 둘러싸고 2011년 3월 후쿠시마 제1원전 사고의 발생으로 중국이 일부 일본 지역 생산식품 수입을 중단했을 때도 쌀 수입은 중단되지 않아 '정치 주도' 특별 안건이라는 인상을 주고 있었다. 나아가 「가노 미치히코」 농림수산성 대신이 자신의 관계자를 해당 사업자의 일본 측 사업 주체인 『농림수산물 등 중국 수출촉진협의회』(촉진협) 대표로 취임시켰다.

「쓰쓰이」 부대신은 첫 쌀 수출 당시 본래 중국에 대한 쌀 수출에 필요한 훈증 처리 등을 거치지 않고 전시관용으로 보냈다고 발표하였다. 그러나 중국으로부터 수입을 거부당하자 일본산 쌀의 실제 전시·판매에 대해서도 장래가 불투명해져 갔다. 또 『촉진협』 대표가 사업과 관련해 농림수산성 기밀문서를 대량으로 소지하고 「리슌코」도 출입하던 의원 사무실에서 열람토록 한 것이 발각되었다. 흥미로운 것은 후쿠시마 제1원전 사고의 발생을 두고 농림수산성이 상황을 분석한 국내의 쌀 수급 전망에 관한 '기밀성 3' 문서 등도 포함되어 있었다는 것이다.

중국 측으로서는 농림수산성이 작성한 쌀 수급 전망을 알게 되면 일본 측이 얼마나 쌀을 팔고 싶어 하는지를 간파하고 수매량과 가격 흥정에서 발목을 잡을 수 있었다. 「리슌코」가 탐을 낼만한 귀중한 정보였을 것이다.

사업은 거듭된 난관에 봉착하고 여러 차례 연기된 결과 2012년 10월에 농림수산성이 지원을 중단하기로 결정하면서 사실상 중단되었다. 하지만 이 사업계획은 2010년 8월에 「쓰쓰이」 부대신 등이 민주당 내에 신설한 스터디그룹에서 부상한 것으로, 거기에는 「리슌코」도 출석한 것이 밝혀졌다. 중국대사관에서 쌀 수입 문제는 상무처 소관이었고 「리슌코」가 소속된 경제처는 농산물 수입에 관한 권한이 없었다. 애초부터 「리슌코」 주도하에 시작된 사업을 민주당 정권이 무비판적으로 편승함으로써 벌어진 것이 사건의 전말이었다.

만일 정부 간 경로로 사업계획을 추진해 냉정하고 합리적으로 사업의 실현 가능성을 점검·판단했더라면 「리슌코」의 영향력 공작에 이끌리는 대로 쌀 수출사업에 뛰어들지는 않았을 것이다.

「리슌코」가 TPP 참가 포기의 대가로 일본에 제의한 또 하나의 조건이었던 희토류 수출금지 해제에 대해서는 어떠한가? 희토류의 대중 의존도가 극히 높은 일본에 대해 희토류는 중국의 매우 유효한 바게닝 칩(교섭 등의 거래 재료)이었다. 센카쿠열도 어선 충돌 사건 직후인데다 언론의 보도 효과도 있어 민주당 정권은 동요하고 있었다.

그러나 「리슌코」가 수출금지 해제를 제안한 2010년 가을 시점에서 이미 중국은 엄격한 수출규제 때문에 희토류 수출 쿼터의 대부분을 다 소진하고 있었다. 즉, 「리슌코」가 수출금지 해제를 제안했더라도 그 시점에서는 이미 일본에 대한 수출 쿼터 자체가 존재하지 않았던 것이 된다.

1.4억 엔의 용도불명 금전

「리슌코」가 일본의 참여 포기를 추구했던 TPP는 이후 미국에서 공화당 「트럼프」 행정부가 등장, "America First!"를 표방하면서 방침이 전환되었다. 미국은 TPP 주창국임에도 불구하고 민주당 「바이든」 정권에서도 여전히 미국 불참의 상황이 계속되고 있었다.

일본은 2012년 제2차 「아베」 내각 출범 후 첫 번째 의제로 TPP 협상에 참여하였다. 자민당 내에서도 절반 가량이 반대하는 상황에서 정부 여당 내에서 격렬한 논의가 오갔지만, 2013년 3월 「오바마」 대통령과의 정상회담을 앞두고 「아베」 총리는 상호 무역상의 민감 품목(일본에서는 농산물, 미국 측에서는 일정한 공산품)을 제외하고 논의에 참가하기로 결정하였으며 「오바마」 대통령과도 합의하였고 나아가 2021년 12개국에서 합의했다.

한편, 앞에서 언급한 바와 같이 「트럼프」 대통령 취임 후 얼마 지나지 않아 미국은 탈퇴하였다. 현재는 주창국을 제외한 11개국이 TPP·CPTPP (Comprehensive and Progressive Agreement for Trans-Pacific Partnership, 환태평양 파트너십에 관한 포괄적·점진적 협정)를 형성하고 있다.

「리슌코」 사건은 중국 공작원들이 일본의 정계 등에 깊숙이 침투해 영향력을 행사하여 정치공작을 전개한 것이었다. 기밀문서가 반출되거나 공금이 지출된 일본 측 사업주체로부터 중국 측에 약 1억 4,000만 엔의 돈이 송금되었지만 용도가 밝혀지지 않고 있는 등 정치적인 배경도, 책임 소재도 확실하지 않은 채 깊은 암흑에 빠진 사건이었다.

「오카하타」가 본건이 일본의 정계에 대한 영향력 공작이라는 관점을 알려준 바, 관료들의 부처 이기주의나 상사에 대한 촌탁(忖度, 미루어 헤아림)을 초월한 '우국 지사'와 같은 그의 용기에 다시 한번 경의와 사의를 표한다.

해설 11   중국의 샤프 파워와 영향력 공작

　영국 주간지 이코노미스트는 2017년 12월 중국의 샤프 파워와 영향력 공작을 커버 스토리로 소개하며, 대응 방안으로 정보기관의 방첩, 사법기관의 법치, 언론기관의 표현의 자유 등을 제시하였다. 주로 국력을 말할 때 군사력이나 경제력 등 하드 파워와 문화적 영향력인 소프트 파워로 구분하는데, 소프트 파워가 문화적 영향력과 매력을 통한 자연스러운 이끌림이라면 샤프 파워는 은밀한 수단이나 정보 왜곡, 매수, 협박 등 강제적인 방법을 이용한 영향력을 말하는 것으로 주로 권위주의 국가인 러시아나 중국이 활용하는 방법이다.

　영향력 공작은 원래 다른 나라의 정치인, 기자, 학자 등 주요 인물을 포섭하여 정책 결정이나 여론이 자국에 유리하도록 만드는 스파이 공작을 말한다. 현재는 기술 발전으로 인해 인터넷과 데이터 분석을 통한 심리분석, 마이크로 타기팅 등 첨단 수단이 동원되면서 막강한 힘을 발휘하고 있다. 러시아의 전통적인 영향력 공작에 이어 최근에는 각국에서 중국의 영향력 공작이 주목받고 있다. 2022년 영국 방첩기관인 MI5가 적발하여 의회에 경고를 발령한 사건에서 중국계 변호사 크리스틴 리는 중국 공산당 통일전선부의 자금을 지원받아 영국 의원들에게 기부금을 제공하며 접근하여 상당한 영향력을 행사해 온 것으로 확인되었다. 이 사건은 외국을 위한 대리인은 미리 당국에 신고해야 한다는 미국의 외국대리인등록법(FARA)과 유사한 내용으로 보안법을 개정하게 된 계기가 되었다. 호주에서도 중국의 선거 개입 등 영향력 공작에 대한 우려가 제기되면서 방첩기관인 ASIO가 3C(Co-opt + Corruption + Coercion)로 중국의 영향력 공작을 소개하였는데, 이는 은밀하게 포섭 후 돈으로 부패시키고, 이를 빌미로 협박하는 과정을 말한다. 캐나다에서도 화교들을 활용한 중국의 선거 개입 사례가 발견되었고, 반중 성향의 중국계 의원에 대해 홍콩 거주 친인척에 대한 불이익을 빌미로 협박한 사실이 적발되는 등 영향력 공작이 활발한 것으로 알려졌다. 캐나다에서도 미국의 FARA와 유사한 법의 입법이 추진되고 있다.

  * FARA(Foreign Agent Registration Act): 1938년 제정된 미국의 방첩 관련 법으로 외국을 위해 일하는 모든 사람은 사전에 법무부에 등록하도록 하고 있어, 스파이 활동의 경우 간첩죄 성립 이전에도 처벌이 가능하며, 외국의 영향력 공작에 대응할 수 있는 수단으로 최근 각국이 입법을 추진 중이다.

특정비밀
보호법안에
직을 걸었다

특정비밀보호법안에 직을 걸었다

한 장의 사진이 있다. 거기에는 「다나카 가즈호」 재무성 주세(主税)국장(후에 재무 사무 차관, 현 『일본정책금융公庫』 대표이사 총재) 외에 「이마이 다카야」 정무담당 총리비서관, 그리고 내각정보관인 내가 「아베」 총리와 함께 찍은 사진이다.

2013년 7월 22일 더캐피털호텔 도큐 일식당 '스이렌'에서 찍은 것이다. 제23회 참의원 선거 다음 날 「아베」 총리는 오후 7시 넘어서 나가타쵸(총리관저 소재 지역) 일식당에서 정치부장 경력이 있는 각 언론사 관계자와 두 시간 가까이 간담회를 가진 후 오후 9시쯤 도착하였다.

외무성의 「하야시 하지메」 내각관방 내각심의관(현 주영국 특명전권대사)을 더한 4명-모두 제1차 「아베」 정권을 비서관으로서 뒷받침했던 동료-은 야당시절에도 기회가 있을 때마다 「아베」 총리와 함께 모임을 했지만, 이 자리는 총리가 우리를 치하하기 위해 마련된 것이었다.

그 전날 7월 21일 실시된 참의원 선거에서 자민당은 31석이 늘어난 65석을 얻었다. 참의원에서 자민당 단독 의석은 115석이 되었고 자민·공명양당은 선거 미실시 의석과 합해 과반수를 웃도는 135석이 되었다. 중·참 양원에서 다수파가 서로 다른 비정상적인 '뒤틀린 국회'(*여소야대)는 해소되었다.

이 선거의 승리는 제1차 「아베」 정권 퇴진의 도화선이 된 2007년 참의원 선거 패배부터 계속된 6년간의 굴욕적 상황과 결별하고 헌정사상 최장 정권으로 향하는 반전공세의 신호탄이 되었다.

"「기타무라」, 조용히 있게"

「아베」 총리와 우리는 굴욕으로 얼룩진 패배를 복수했다는 고양감으로 들뜬 상태였다. 그 자리에서 나는 건의할 일이 있었다. 바로 특정비밀보호법 제정이었다. 이 법률을 둘러싸고 제2차 「아베」 내각은, 나중에 '인간 사슬'이 국회 주변에 등장하고 내각 지지율이 10%나 하락하는 사태에 직면하였다.

"민주당 정권 시절 이미 지식인 회의 보고서는 보았습니다. 여론의 저항을 생각하면 이 법률은 단기 결전, 즉 차기 임시국회 통과를 목표로 할 수밖에 없습니다. 제 나름의 논리일지 모르지만 이것이 통과되지 않으면 총리께서 목표로 하는 집단적 자위권 용인의 길도 열리지 않을 것입니다."

대략 그런 취지로 건의하였다.

국회 대책과 여론 동향에 주도면밀한 경계를 하고 있던 「스가 요시히데」 관방장관(추후 총리)은 선거 전 「아베」 총리의 의향을 반영한 듯 "「기타무라」, 이번 참의원 선거가 끝날 때까지는 조용히 있어야 해. 끝난 후에는 뭘 해도 괜찮으니까."라며 내게 못을 박았다.

애초에 특정비밀보호법 입법은 어떤 문제의식에서 비롯된 것인가? 단적으로 말하면 미일동맹 강화를 위해서였다. 왜 미일동맹의 강화가 요구되었는가? 바로 이웃나라 중국의 '힘에 의한 일방적 현상 변경'을 억지하여 공고한 안보체제를 갖추기 위해서였다. 급성장하는 경제력을 바탕으로 군사·외교·경제·기술 측면에서 미국을 능가하려는 중국의 시도가 미국을 축으로 하는 세계질서, 그 중에서도 특히 동아시아 정세에 격변을 초래할 수 있다. 「아베」 총리와 내각정보관인 나는 이러한 정세 인식을 공유하고 있었다. 다만 이를 위해서는 우리 쪽이 넘어야 할 높은 장애물이 있었다. 일본에는 공고한 미일동맹의 전제가 되는 미국의 정보를 제공받기 위해 필요하고 충분한 정보보호체제가 미비했기 때문이었다.

2010년 3월 30일, 미일 외무장관 회담에서 『정보보호에 대한 미일 협의(BISC, Bilateral Information Security Consultation)』창설이 결정되었다. 특정비밀보호법이 제정되기 전까지 미국은 일본을 정보유출에 취약한 나라로 평가하였다. BISC 설치의 주안점도 바로 여기에 있었다. 결정적으로 미국이 일본의 정보보호체제에 대해 불안감을 가지게 만든 것은 2007년 1월에 발각된 해상자위대 간부 등의 이지스함 정보유출 사건이었다. 이 사건에서는, 미일 공동미사일 방위의 핵심이 되는 이지스 시스템에 관한 정보가 원래 정보를 취급할 자격이 없는 무자격자에게까지도 확산된 것이 판명되었다.

나는 경찰에서 오랫동안 스파이를 적발해 본 자만이 맛볼 수 있는 그런 경험을 하였다.

스파이를 직접 처벌할 수 없다

경찰청 외사정보부장 시절 동맹국 방첩기관과 스파이 사건에 관한 분석 및 점검을 위한 회의에 참석한 적이 있었다. 거기서 나는 방첩과 정보보호의 양 측면에서 세계 수준에 크게 뒤처진 일본의 현주소를 깨달았다.

이 회의에서 적발사례를 정리한 자료를 바탕으로 사안의 개요와 수사의 단서, 타깃이 된 정보, 스파이의 접근수법, 협조자의 배경과 타락 경위 등에 대한 설명이 진행되자 미국 측 참가자의 표정에 곤혹스러움이 퍼졌다. 그들은 일본 측이 적발했던 사건의 내용에 비해서 '죄명·벌칙조항'과 '양형'이 너무 가볍다고 봤다. 러시아나 중국 스파이가 미일 양측에 노리는 정보의 중요도에 미일 간 큰 차이는 없다. 예를 들면 미사일의 명중 정밀도나 잠수함의 잠행 심도를 좌우하는 기술, 정보통신망의 취약성에 관한 지식, 그리고 국가의 안전보장 전략 이해에 도움이 되는 정치·외교 기밀 등이다. 동맹관계인 미일 간에는 어느 한쪽에서 누설되면 양쪽 모두의 문제가 되는 민감한 정보가 다수 존재한다.

나의 설명에 미국 측 참석자가 참다못한 듯이 물었다.

"일본 경찰이 적발한 사건은 기소가 이루어지지 않거나 스파이 협조자에 대한 구형이 징역 1년에서 2년 정도인 경우가 많다. 판결에서는 집행유예로 석방되는 경우뿐이다. 왜 그런가?"

나는 "일본의 형사법에는 스파이 행위를 직접 처벌하는 죄목이 존재하지 않는다. 따라서 수사기관은 스파이가 그 정보를 입수하기 위한 과정을 철저히 조사해 모든 법령을 동원해 죄를 물을 수 있는 벌칙조항을 찾고 스파이 협조자는 그 공범으로 입건한다."라고 답하였다. 형식적인 배경 설명을 해봤자 러시아나 중국이 자행한, 사형이나 종신형 상당의 스파이 사건을 일상적으로 적발해 온 미국 기관들로서는 도저히 이해할 수 없는 일이었다. 미국에서는 정보를 누설한 자는 물론 정보를 탐지해 빼돌린 자를 더 중범죄자로 취급한다. 최고 형량은 사형이다. 검토회의에서 실제로 거론된 사건에서는 종신형이나 피고인의 여생보다 훨씬 장기간인 수십 년의 구금형 사례도 눈에 띄었다.

「아베」 총리가 제2차 정권에서 실현한 주요 안전보장정책, '국가안전보장회의·국가안전보장국 창설', '집단자위권의 헌법해석 변경과 평화

안전법제 정비'는 특정비밀보호법과 함께 모두 일본을 둘러싼 위협으로부터 일본을 지키기 위해서는 미일의 안전보장 협력이 가장 중요하다는 문제의식에서 출발한 것이었다. 그래서 정보보호체제의 강화라는 과제는 그 핵심을 점하고 있었다.

「아베」총리는 2013년 10월 3일 「이시바 시게루」 자민당 간사장에게 법안 심의를 위한 특별위원회(NSC 특위) 창설을 지시할 때 특정비밀보호법의 의의를 언급하였다.

"일본판 NSC(국가안전보장회의) 창설이나 안전보장에 관한 정보보호는 중요한 과제이므로 법안을 조기에 통과시키고 싶다."

2013년 북한은 김정은 체제 들어 최초인 3차 핵실험을 강행하고 탄도미사일 개발과 함께 급속한 핵전력 강화 의욕을 숨기지 않았다. 「푸틴」체제하에서 다극주의를 강조하고 있던 러시아는 냉전 종식 후 일극주의 유지를 목표로 하는 미국과 대립하는 '신냉전' 구도로 세계질서 전환을 지향하고 있었다. 특히 중국은 「시진핑」 국가주석의 등장과 함께 국력으로 미국을 능가해 세계질서의 정점을 목표로 하는 야심을 축적하고 있었다. 군사력의 급속한 증강은 우리 안전보장에 위협이 되고 있었다. 미국은 팽창하는 중국의 위협에 어떻게 대처해야 할지 고민하기 시작하였다. 2013년 여름은 일본의 안전보장이 도전받는 계절이었다.

미국의 국가 전략에서 중국이라는 지정학적 위협과 역사적으로 오래 대치해 온 일본의 중요성은 현저하게 높아지고 있었다. 일본의 평화와 번영을 유지하기 위해 미일동맹은 다른 차원으로 진화가 필요한 시기를 맞고 있었던 것이다.

국가안보국의 역할과 정보보호의 의의

국가안보의 개념에 대해서 언론 등에서는 '외교(Diplomacy)'와 '군사(Military)'를 2개의 축으로 언급하는 경우가 많았는데, 지금은 여기에다 '정보(Intelligence)'와 '경제(Economy)'를 더한 'DIME'으로 보는 것이 주류를 이루고 있다. 2022년 말에 규정된 신국가안전보장전략에서는 여기에 '기술(Technology)'이 덧붙여졌다. 그중에서도 정보의 수집·분석·제공에 해당하는 '인텔리전스(Intelligence)'가 수행하는 역할은 지대하다. 특히 세상에 존재하는 다양한 정보 중에서 필요한 정보(공개정보, 비밀정보도 포함)를 외교·군사·경제의 정책부문을 총괄하는 총리관저에 제공하는 기능이다.

하지만 정책결정자(국가 정상)가 비록 정치의 프로라고 하더라도 특정한 정책 입안과 연관된 관심정보-정책에 반영해야 할 정보-가 무엇인지를 항상 정확하게 인식하고 표현할 수 있는 것은 아니다. 그래서 국가안전보장국(NSS, National Security Secretariat)의 역할이 중요해진다. NSS는 내각정보조사실이나 방위성·경찰청·공안조사청 등 정보수집 및 분석기능을 가진 부처에 대하여 정책과제와 직결되는 정보의 수집과 분석을 요청한다. 집약된 정보를 종합하고 정리한 후 총리, 관방장관, 외무대신, 방위대신 등의 네 각료로 구성되는 국가안전보장회의(NSC, National Security Council)에 제공한다. NSC에 제공되는 정보는 일본이 독자적으로 입수하는 것에 한정되지 않고 동맹국이나 동지국, 우방국에서 제공된 정보도 활용된다. 이러한 정보를 취급할 때 가장 중요한 사항은 정보보호(비밀보호유지)체제 확립이다.

정보보호의 중요성을 이야기할 때, 나는 종종 정보를 '유리잔의 주스'로 비유한다. 예를 들면, 이쪽과 상대방 앞에 잔이 하나씩 있고 각각 오렌

지 주스와 자몽 주스가 들어 있다. 이것을 서로 상대에게 건네준다. 또한 우리쪽 앞에 빈 유리잔이 있는데 그 잔에 상대방이 주스를 따라주면 여기에 약간의 향료를 가미해서 돌려준다. 정보의 기브&테이크 원칙도 이와 유사하다. 전자는 정보의 교환이며, 후자는 상대가 제공한 정보에 우리만의 독자적인 정보나 분석을 덧붙여 당초의 정보에서 추출할 수 있는 새로운 가능성을 부각시켜 상대방에게 돌려주는 행위이다. 어쨌든 그 전제는 유리잔이 같은 것이어야 한다는 것이다. 정보보호 제도가 서로 같은 수준이 아니면 정보의 교환·공유는 성립되지 않는다.

특정비밀보호법 시행으로 교환되는 정보의 질과 양이 현격히 제고되고 있음을 일본의 정보공동체를 총괄하는 내각정보관으로서 매일 실감해 왔다. 예를 들어, IMINT(영상정보)·SIGINT(신호정보) 등은 동맹국 간의 물리적인 측면도 포함한 정보보호 제도를 갖춘 후에 비로소 공유될 수 있다. 귀중한 정보 자원-그것은 비교적 고가의 정보수집 위성 시스템일 수도 있고, 높은 기밀성을 가진 인적자원일 수도 있다-을 활용해서 얻은 정보를 맡기는 것이다. 엄중한 유출방지 시스템을 만들어 정보 제공국을 안심시키지 못한다면 애초에 정보를 제공받을 수도 없다.

특정비밀보호법은 외교, 방위, 방첩, 테러리즘이라는 4개 분야의 민감한 정보를 최고 10년 징역형이라는 형벌 법규로 보호하는 구조다. 일본은 이 법이 제정된 이후에야 비로소 국제수준에서 정보교환이 가능한 체제를 갖춘 국가로 인식되게 되었다.

일본의 결의를 미국에 표명

참의원 선거 다음 날 '스이렌'의 모임을 계기로 특정비밀보호법의 입법 작업이 시작되었다.

이틀 후인 2013년 7월 24일 BISC를 담당하는 미국 국무부의「제임스 줌월트」차관대리(동아시아 태평양 담당)가 일본에 왔다. 회담은 비밀보호법제의 필요성을 누차 요청해온 미국에 일본 정부의 결의를 표명하는 자리가 되었다. 9월 초에는 입법 작업으로 바쁜 와중에 잠시 시간을 내어서 미국 정보당국과 법제 준비상황을 협의하기 위해 미국을 방문하였다.

법안 준비작업을 위한 정부·여당의 진용도 이때부터 갖춰지기 시작했다. 사무국은 다소 빈약한 체제로 내각정보조사실에 설치되었다. 잠도 자지 않고 쉬지도 못하는 작업의 시작이었다. 관저에서는「이소자키 요스케」총리보좌관과「가토 가쓰노부」관방 부장관(후에 내각관방장관)이 정무 조정을 담당하게 되었다.

자민당에서「마치무라 노부타카」전 관방장관(후에 중의원 의장)이 당의 '정보·비밀보호 등 점검 프로젝트팀'(인텔리전스 PT) 좌장으로서 당을 견인하였다. 『세이와 정책연구회』라는 최대 파벌의 수장이라 존재감도 충분했지만「마치무라」는 외무대신 시절 일본의 정보가 법제·인력·예산·시스템 등에서 다른 서구 국가들, 특히 G7 회원국들에 비해 크게 뒤처지고 있음을 염려하여 그 후 일본의 국가정보체계 개혁을 평생의 과업(라이프워크)으로 여겨 왔다.

당내 논의를 주도하고 언론 홍보에서도 일본기자클럽 기자회견-사실상 법제에 반대하는 법조인들과의 공개토론 취지였지만-에도 응하는 등 열정적으로 법 정비의 필요성을 설명하였다.

자민당은「이시바」간사장·「다카이치 사나에」정조회장·「노다 세이코」총무회장이 포진한 집행부에서 각각 정보보호체제 정비가 급선무라는 인식을 공유하고 있었다. 첫 출발은 양호한 분위기에서 8월 27일 인텔리전스 PT에 법안 개요를 제시하고 공개 의견수렴 실시의 승인도 받았다.

9월 3일부터 17일까지 15일간 내각정보조사실은 의견을 공개 접수하였는데 접수 의견은 총 9만 480건이었다. 찬성 의견이 1만 1,632건, 반대 의견이 6만 9,579건, 기타 의견이 9,269건이었다. 조직적인 것으로 보이는 동일한 내용의 반대의견이 다수 서면으로 접수되는 등 심의에 난항이 예상되었다.

인텔리전스 PT는 9월 중 법안 책정을 위해 대체로 일주일에 한 번이라는 높은 빈도로 개최, 논의가 진전되자 자민당 내에서도 반대와 우려의 목소리가 나오기 시작하였다.

10월 3일 자민당 본부 8층 리버티 4호실에서 열린 각의 결정(10월 25일) 전의 인텔리전스 PT에서의 일이었다. 장래가 촉망되는 진보 성향의 중의원 의원이 나에게 "멍청한 놈!"하고 호통을 치는 장면도 있었다. 장내는 소란하고 험악한 분위기가 되었지만「마치무라」좌장이 소란한 와중에 말을 꺼냈다.

"뭐, 여러분 모두 여러 가지 의견도 있을 수 있지만, 나머지는 문제를 제기한 의원들께 실무자가 설명하게 합시다. 그러면 법안에 대해서는 좌장에게 일임하면 될까요?"

사실 '일임'과는 거리가 먼 분위기였지만 이 발언으로 '일임'의 흐름이 조성되었다. 특정비밀보호법 통과를 바라는「마치무라」좌장의 기백이 넘치는 선물이라고 할 수 있었다.

한편, 법안 제출을 위해서는 연립여당인 공명당의 합의를 받아내야할 필요가 있었다. 「스가」 관방장관의 지시도 있고 해서 초기 단계인 8월 초부터 중순에 걸쳐 공명당 대표·간사장·정조회장에게 설명하러 찾아갔지만 반응이 없었다기보다는 설명을 제대로 들어보려 하지도 않았다. 법안의 세부적인 검토가 진행됨에 따라 야당의 반발과 언론의 비판은 한층 더 강해질 것으로 보였다. 그 전에 어떻게 해서든 공명당의 합의를 받아내야만 하였다. 이 상태를 방치했다가는 연립여당 내에서 논란이 암초에 좌초될 수 있었다.

나는 접근방식을 바꾸어 『창가학회』(*공명당의 모체인 종교단체)의 최고 간부 중 한 명인 「요소자와 도모오」(가명)에게서 활로를 찾고자 했다. 8월 23일 호텔 오쿠라의 일식당 '야마자토'에서 지인을 통해 처음으로 만났다. 그는 조용히 설명을 듣고 있었다. 그 후 「요소자와」의 시내 사무소를 수차 찾아가 공명당에 대한 압력과 논의 방식에 대한 조언을 들었다.

공명당 관계자 중에서 또 한 명의 중진의 이해를 얻는 데 성공하였다. 변호사 출신의 「우루시하라 요시오」 국회대책위원장이었다. 자민당 「오시마 다다모리」前 국회대책위원장과는 서로 '아쿠다이칸(惡代官)(오오시마)', '에치고야(越後屋)(우루시하라)'라고 별명을 부르는 등 자공(자민당·공명당) 결속의 상징으로도 알려져 있었다.

9월 4일 「우루시하라」 위원장을 만났을 때 비로소 "「기타무라」, 알겠네."라며 긍정적인 반응을 보였다. 그래서 공명당의 조건을 제시받아 그에 부응하는 형태로 논의가 진행되게 되었다. 이러한 과정을 거쳐 9월 17일 공명당의 제1차 '특정비밀보호법안에 관한 검토 PT'가 개최되었다. 겨우 여당의 보조가 맞추어졌다.

요미우리신문에 머리를 숙이다

다음으로 염두에 둔 것이 언론이었다.

이 법안으로 인해 보도의 자유와 표현의 자유가 크게 제한되는 것은 아닌가 하는 의심이 야기될 수 있다는 것을 예측할 수 있었다. 그러나 법안은 주로 공무원, 즉 특정비밀을 취급하는 자가 정보를 '누설'하는 것을 형사 처벌로 금하려는 것이다. 취재하려는 자를 처벌하는 것을 목적으로 하는 것은 아니다. 언론에는 그 점을 정확히 단기간에 인식시켜야 하였다.

여러 각도에서 어느 언론에 이해를 구할지를 고민하다 결국 요미우리신문을 택하였다. 요미우리신문은 일본 ABC협회 조사에서 900만부 넘는 발행부수를 배경으로 정·관·재계에 대한 영향력은 절대적이었다. 나는 '스이렌' 회동으로부터 1주일 후인 2013년 7월 29일 지인을 통하여 「오이카와 쇼이치」 요미우리신문 그룹본사 중역 최고고문(현 대표이사 회장)을 만났는데 「오이카와」는 주필 대리로서 이 신문사의 논조를 총괄하였다.

8월 22일 다시 긴자에 있는 요미우리신문 본사(당시)를 방문하였다. 「오다 다카시」 논설위원장(후에 국가공안위원회 위원)이 함께 배석하기 전에 나는 일본이 처한 안전보장 환경이 어렵고 미국과 동맹 강화가 불가피한 선택이라는 점과 동맹 강화는 종래의 군사 분야뿐만 아니라 앞으로는 외교·경제·정보에서의 상호 협력도 필수가 될 것이라고 호소하고 특정비밀보호법안의 취지와 개요를 단숨에 설명하였다. 그리고나서 "최대 발행부수를 자랑하는 요미우리신문이 제발 반대 논조로 쓰지 말아 달라."라며 머리를 숙였다.

나로서는 첫 경험이었고 어떤 효과가 있었는지 솔직히 잘 몰랐다. 어쨌든 필사적이었다.

한편으로 신경 쓴 것은 지식인들에 대한 사전 공작이었다. 아카데미아(연구자)와 법조인, 그리고 재계 관계자들은 신문이나 종합잡지 기고 등을 많이 하기 때문에 여론에 대한 영향력이 있다. 그러한 계층들의 이해를 얻어 가능하다면 법안의 취지를 긍정적으로 받아들이게 한 다음 정보 발신을 하도록 유도하는 것은 중요하였다. 그래서 8월 22일 『JR 도카이』의 「가사이 요시유키」회장을 만나 법안에 대해 상세한 설명을 하고 충분히 납득시켰다. 그는 산케이신문의 외부 인사 칼럼 '정론'과 요미우리신문에 외부 지식인이 투고하는 대형 칼럼 '지구를 읽다'에서 보수적인 논고를 다수 발표하여 언론인으로서 존재감을 높이고 있었다.

요미우리신문 10월 6일자 조간 '지구를 읽다'에서 '비밀보호법안, 대테러·안보협력에 유익'이라고 법안 찬성 논조로 기고해주었다. 그 후 법안의 필요성 자체는 여론을 형성해 갔다.

현실을 직시한 딱딱한 찬성론도 적지 않았지만, 언론에서는 역시 경계론·반대론이 지배적이고 법안을 폐안으로 몰기 위한 공세적인 보도·논조도 포착되었다. 법안의 행방은 예단할 수 없는 상황이 되었다.

11월 중순(16일~17일)에 실시된 산케이신문과 FNN의 여론조사에서 특정비밀보호법이 '필요하다'라는 응답은 약 60%에서 변화가 없었다. '필요하다'가 80%를 웃돌던 9월의 조사로부터 불과 2개월 만에 24.4% 급락하였다. 그중에서도 법안이 통과될 경우 정부에게 불편한 정보가 '은폐될 우려가 있다'는 응답이 85.1%에 이르는 것은 충격이었다.

여론은 법률의 취지나 상정 효과를 거의 이해하지 못하였다. 그뿐만 아니라 곡해되고 있었다. 나 자신의 무기력함을 한탄했지만 어쩔 수 없는 일이었다.

폐안될 경우 직을 그만두겠다

그 무렵 나는 법안이 폐안이 될 경우에는 내각정보관직을 그만두기로 마음먹었다. 이번 국회에서 통과되지 않으면 이 법안은 앞으로도 통과되지 않을 것이다. 이 법안이 논의되면서 60%대 중반에서 오르내리던 「아베」 내각 지지율은 10%나 하락하였다. 「아베」 총리는 이 점에 대해서는 단 한 번도 나를 질책하지 않았지만 내각의 정치역량을 이만큼 소진하고도 폐안이 된다면 그 책임을 지고 떠나는 수밖에 다른 길이 없었다.

국회 조정은 2013년 11월 18일 자민·공명 여당과 '모두의 당'이 수정 협의를 통해 합의함으로써 최초의 고비를 넘었다. 이 합의는 12월 5일 자민당·공명당·일본유신회 및 '모두의 당'의 실무자에 의한 '4당 합의'의 결실로서 그 후 법률 운용 방법을 결정하게 되었다. NSC 특위와 여당 의원 대표자(筆頭理事)로서 법률제정을 위해 힘써준 자민당의 「나카타니 겐」(후에 방위대신)과 공명당 「오구치 요시노리」(후에 공명당 국회 대책위원장)의 공이 컸다.

국회 심의가 진행되면서 여론도 반대론에 휩싸였다. 역시 신문을 중심으로 한 언론의 반대공세가 여론을 이끌었다. 아사히신문·마이니치신문·도쿄신문의 지면은 날로 과열되고 법안이 통과되면 마치 일본은 공포정치가 지배하는 나라가 될 것 같은 분위기가 조성되었다.

신문 논조가 지식인을 자극하고 지식인은 법안 반대 이벤트로 여론을 더 환기시키고, 그것을 또 TV가 전하면서 반대론이 '확대 재생산' 되었다. 예를 들어 '위험한 법안', '2차 대전 직전을 연상', '학자들, 심포지엄에서 폐안 호소'(아사히신문 11월 25일 조간) 기사에서는 언론인과 학자들이 쟁점을 논의했다며 법안의 성격에 대해 "말장난이 아니라 새로운 '치안

유지법'이 될 수 있다."라고 염려를 표했다. 공안경찰의 권한이 강화될 우려가 있다며 "일상의 정보가 뜻밖의 기밀이 될 수 있다. 2차 대전 직전의 내무성을 연상시킨다." 등의 근거를 들어 반대 입장을 밝히기도 하였다.

또한 "영화인 등 269명 반대, 「미야자키 하야오」 감독도, 「요시나가 사유리」도"라는 제목의 아사히신문 12월 4일자 조간 기사에서는 "알 권리를 빼앗고 표현의 자유를 위협할 수 있는 법안은 도저히 용인할 수 없다."라는 성명을 게재하였다. 감독 등은 "2차 대전 패전 이전의 일본으로 돌아가지 않도록 끈질기게 저항할 수밖에 없다."라고도 하였다. 같은 성명을 게재한 마이니치신문 12월 4일자 조간기사에서는 저명한 감독의 "동아시아 평화를 위해 자유로운 나라여야 한다."라는 반대 메시지를 소개하였다.

반대 보도에 가장 열을 올린 도쿄신문은 법 시행으로 '집회에서의 질문에는 처벌'이 있고 '비밀 관여로 개인정보 조사'를 받아 '시민생활'은 '숨막히게' 될 것이라고 주장하였다(12월 7일자 석간).

그런 보도의 영향인지 "「시게루」, 세상을 어둡게 만들지 말아라."고 친어머니로부터도 잔소리를 듣게 되었다.

국회의사당 주변에는 '인간 사슬'이라 불리는 많은 사람이 집결해 반대 의사를 표명하였다. 그래도 법안은 11월 26일 중의원을 통과, 12월 6일 참의원에서 가결, 성립되었다.

"치안유지법의 원본을 보여 주게"

법안 성립 후 가장 큰 일은 법률의 운영기준 수립, 특정비밀의 지정, 적정성 평가 실시에 관한 자문기관, 이를테면 법 시행의 파수꾼이라고 할 수 있는 '정보보호 자문회의' 좌장 선임이었다.

높은 식견을 가지고 일본의 '언론·표현의 자유'와 '정보·국익'을 둘러싼 역사에 일가견이 있으며 정·관·재계에 설득력을 가진 인물······. 그런 언론인이 꼭 좌장을 맡도록 할 필요가 있었다. 맨 처음 부탁하러 간 인사한테는 "나는 신문사 현역에서 물러나 논설에 관여하지 않는다는 입장"이라며 일언지하에 거절당하였다. 자문회의 구성원 후보들도 줄줄이 사퇴하여 좌장 선정이 여의치 않았지만 우리에게는 더 이상 퇴로가 없었다.

무거운 분위기의 총리 집무실에서 「아베」 총리와 마주하고 있는 와중에 총리가 "「와타나베 쓰네오」 주필(요미우리신문 그룹본사 회장·주필)을 만날 기회가 있는데 부탁해보겠다."라고 하였다. 어떻게 부탁하였는지 상세 내용은 모르겠지만 얼마 지나지 않아 "양해를 구했다."고 하였다. 「아베」 총리가 아니면 불가능한 대단한 능력이었다.

나는 실무 차원에서 좌장 취임 절차를 부탁하기 위해 「와타나베」 주필을 만나러 갔다. 1997년 「와타나베」 주필이 행정개혁회의 위원 시절 「세키구치 유코」 경찰청 장관(당시)과 함께 만난 적은 있지만 찾아가는 것은 처음이었다. 「와타나베」 주필은 나를 힐끗 보더니 "「기타무라」, 조금 확인하고 싶은 게 있는데, 치안유지법의 원본을 좀 보여주게."라고 하였다. 나는 그 자리를 일단 물러나서 국립공문서관에서 원본 전부를 복사하여 「와타나베」 주필에게 즉시 보냈다.

2014년 1월 17일 오전 11시 총리관저에서 자문회의 제1차 회의가 개최되었다. 평소에는 취재에 나타나지 않는 라디오 방송사까지 가세하는 등 심상치 않은 취재열기가 이어졌는데, 내가 관저에서 지켜본 역대급 취재진이었다.

「아베」 총리의 인사에 이어 「와타나베」 좌장이 입을 열었다.

"특정비밀보호법에 대해서는 요미우리신문 사설에서도 다소 조건을 달겠지만 찬성이다. 또한 일부 언론이나 이 법의 반대자들이 치안유지법의 부활이라고 큰소리로 주장하고 있는데, 치안유지법 아래에서 특별고등경찰 및 헌병의 공포정치를 실제 체험한 마지막 세대가 나 자신이다. 치안유지법은 광범위한 확대해석의 여지를 가진 악법이었으나 특정비밀보호법은 매우 명확하고 이중·삼중으로 확대해석의 남용 우려를 차단하였다.”

「와타나베」좌장은 과거 스파이 사건에 신문기자가 연루된 사건도 있다고 언급하며 “향후 불필요한 확대해석으로 언론보도의 자유를 억제하는 일은 없어야 한다는 관점에서도, 언론계에 몸을 담고 있는 사람으로서도 필요한 주장을 할 것이다.”라며 너무나도 명쾌하고도 공정한 입장을 표명하였다.

국가의 존립, 그리고 국익을 위해서

「아베」총리는 『아베 회고록』에서 특정비밀보호법 성립 과정에서 ‘치안유지법 회귀’라는 비판이 나온 것에 대해 이렇게 회상하였다.

《특정비밀보호법이 치안유지법과 전혀 무관하며 무의미한 비판이었던 것은 그 후 일본의 상황을 보면 알 겁니다.》

《벌칙도 국가공무원법상 징역 1년 이하이거나 자위대법상 5년 이하로 정합성이 맞지 않았습니다. 그래서 다수 해외 국가와 같은 수준인 최장 10년으로 맞춘 것뿐입니다. 비밀보호 수준을 높여야 비로소 해외에서 정보를 제공해줍니다. 그리고 실제 제대로 정보를 수집할 수 있게 되었으니까요.》

러시아의 우크라이나 침공과 관련하여 미국의 정보자산을 이용한 정보활동이 우크라이나의 작전과 전략을 뒷받침했음을 우리는 깊이 인식해야 한다.

정보는 때때로 인명을 지키고 각 영역에서 안전보장의 우열을 결정하며 국운을 좌우한다. 외사경찰은 항상 이러한 정보를 국가의 존립과 국익을 위해 수집하고 보호하고 활용에 이바지하는 '정보 전쟁'의 최전선에 있다.

해설 12 간첩죄가 없는 이상한 나라

저자는 본문에서 비밀보호와 관련한 법령이 미비하여 스파이를 직접 처벌할 수 없고 외국과의 정보교류에도 한계가 있는 일본의 문제점을 소개하고 "특정비밀보호법안에 직을 걸었다"라고 했는데, 동법은 2013년 12월에 제정되었다. 우리나라의 경우 형법 제98조의 간첩죄가 "적국을 위하여 간첩하거나 적국의 간첩을 방조한 자는 사형, 무기 또는 7년 이상의 징역에 처한다"라고 규정하고 있지만, 전쟁 상태가 아닌 이상 '적국'은 존재하지 않으며 따라서 대한민국은 '외국'을 위한 간첩행위를 처벌할 수 없는 이상한(?) 나라가 되어버렸다. 1953년 9월 18일 제정된 우리 형법은 6·25 전쟁 직후 적국이 분명했던 시절에 만들어져 '적국을 위하여 간첩 한 자'라고 표현한 것인데, 70년이 넘도록 해당 규정을 방치한 탓이다. 물론 북한의 간첩에 대해서는 국가보안법을 적용할 수 있지만, 적과 우방이 따로 없는 오늘날의 국가 간 정보전 환경에서 다른 나라를 위한 간첩행위를 처벌할 수 없다는 것은 명백한 입법상의 불비에 해당한다.

실제로 지난 2015년 중국 유학 중 중국 정보기관에 포섭되어 귀국 후 군사기밀을 USB에 담아 수시로 중국 요원에게 전달한 현역 장교를 체포하였으나 중국이 적국이 아니라는 이유로 간첩죄로 처벌하지 못하고 군사기밀보호법만을 적용하여 가볍게 처벌할 수밖에 없었다. 2022년에 북한 공작원으로부터 가상화폐 4,800만 원을 받고 우리 군의 기밀자료를 누설한 또 다른 현역 장교도 자신에게 돈을 준 사람이 북한 사람인 줄 몰랐다는 주장에 따라 국가보안법이 적용되지 않아 간첩죄로 처벌하지 못하였다.

저자가 지적한 것처럼 비밀을 제대로 보호할 수 있는 법체계가 갖춰져 있지 않고 이를 제대로 실행할 수 있는 시스템도 부실하다면 국가안보에 직결된 비밀의 보호가 불가능할 뿐만 아니라, 동맹국들도 허술한 보안체계에 따른 비밀누설 가능성 등으로 우리와 정보협력 시 자신들의 정보가 우리를 통해 유출될 것이 우려되어 민감한 정보를 지원해 주지 않을 것이다. 오늘날 국가안보를 위해서 동맹국 간 정보 협력이 무엇보다 중요하다는 것을 생각한다면 조속한 법 개정을 통해 하루빨리 이런 불합리한 상황에서 벗어나야 할 것이다.

맺음말

국가의 존립 및 국익과 불가분의 관계에 있는 외사경찰에 대해 경찰 재직 중일 때부터 학문적으로 관심이 있었고, 일본이 근대국가체제를 갖춘 이래 외사경찰의 역사를 2차 대전 전·중·후의 연속과 비연속이라는 관점에서 '외사경찰사(史) 소묘'(『강좌 경찰법 제3권』, 다치바나서방, 2014년 3월 발간 수록)라는 논문으로 정리한 바 있다.

40년 이상의 공무원 생활 동안 외사경찰 및 정보업무와 장기간 관계를 맺었는데 내각정보관 및 국가안보국장 임기를 포함하면 20년이나 된다. '외사경찰사 소묘'는 제도 변천의 골격을 중심으로 이른바 겉에서 본 '외사경찰'의 데생에 불과하였다.

한편, 재임 중 오랜 기간 여러 가지 임무를 수행해 온 내부자인 나의 시각에서 외사경찰에 대해 이야기할 수 있는 방법을 늘 고민하고 있었다. 그것은 후대에 나의 희소한 경험을 전승하는 것도 되고 사건이나 사안의 역사적 의의를 검증하는 것으로도 이어질 것이라 생각했기 때문이다.

다행히 월간 『문예춘추』의 「신타니 마나부」 편집장(현 이사, 『문예춘추』 총국장)으로부터 집필을 권유받아 2022년 6월호부터 2023년 8월호까지 '외사경찰 비록'(전체 12회)으로 특정비밀보호법의 제정까지 일단락하는 귀중한 연재 기회를 얻었다. 이 책은 기본적으로 그것들을 정리한 것이다.

또 연재 중인 2022년 7월 8일「아베」전 총리에 대한 총격 사건이 발생했을 때는 급히 연재를 중단하고 '추상·「아베」총리'를 이 잡지에 기고하였다. 경찰·관저 근무를 통해 직무상 관계가 깊었고 8년 9개월에 걸쳐 보좌했던「아베」총리에 대한 추도의 마음을 담아 본서에는 이 기고문을 특별부록으로 수록하였다(*번역서에서는 제외함).

법령상·직무윤리상 제약도 있어 외사경찰에 대해 상세히 저술하는 데는 한계가 있었다. 책에 수록된 대부분의 내용은 이미 범인이 검거되었거나 사법절차도 종결되었고 보도 내용과 기타 공개자료도 풍부하게 존재한다. 이 책을 기술할 때 바로 이러한 문헌 자료를 많이 참조하였다.

또한 이 책은 실록적인 스타일을 갖춘 것으로 기술의 객관성과 정확성에 충분한 주의를 기울였지만, 직업 윤리상의 관점 등에서 일부 등장인물을 가명으로 하는 등 표현에 배려를 기하였다. 부디 독자 여러분께서는 이 점을 이해해주시기 바란다.

이 책의 출판 및 그 전의 연재에 많이 협조해준『문예춘추』편집부의「나카무라 유스케」, 편집위원「모리 마사아키」, 스토리 전개에 있어 헌신적인 협력과 조언을 해준 Y·O, 표지 디자인의 기초가 되는 고「구로다 히로시」의 작품 '도쿄 타워'의 사용을 흔쾌히 허락해주었던「구로다 이즈미」에게 진심으로 감사의 말씀을 드린다. 이분들의 각별한 협조가 없었으면 이 책이 출판될 수 없었을 것이다.

【 『외사경찰 비록』 관련 연표 】

1970년	3월 31일	「요도호」 하이재킹 사건」
1972년	2월 19일	아사마 산장 사건
	5월 30일	텔아비브 로드공항 난사 사건
	9월 29일	일중 공동성명 발표
1973년	7월 20일	두바이 일항기 하이재킹 사건
1974년	8월 30일	『미쓰비시중공업』 폭파 사건
	9월 14일	헤이그 사건
	10월 14일	『미쓰이물산』 폭파 사건
1975년	8월 4일	쿠알라룸푸르 사건
1977년	9월 28일	다카 일항기 하이재킹 사건
	11월 15일	「요코타 메구미」 납치 사건
	12월	경찰청 공안 제3과 내 '조사관실' 설치(후의 외사 제2과)
1982년	7월 14일	「레프첸코」 증언
1989년	11월 9일	베를린 장벽 붕괴
1991년	12월	소비에트 연방 붕괴
1995년	1월 17일	한신 · 아와지 대지진
	3월 20일	옴진리교 지하철 사린 사건
		루마니아에서 「에키다 유키코」 검거
1996년	12월 17일	주페루 일본대사관 관저 점거 사건
1997년	2월	레바논에서 국제수배 중인 「일본 적군」 멤버 5명 (「오카모토 고조」 포함) 검거
	7월 29일	「구로바」·「우드빈」 사건에서 일본인으로 신분세탁한 러시아 공작원 국제 지명수배
1998년	8월 31일	북한 '대포동' 미사일 발사
2000년	9월 8일	「보가텐코프」 사건의 러시아 공작원에게 출두 요청
	11월 8일	「시게노부 후사코」 체포

2001년	9월 11일	9·11 테러 사건
2002년	3월 22일	「세르코노고프」 사건의 러시아 공작원을 서류 송치
	9월 17일	제1차 일북 정상회담 (일북 평양선언)
	10월 15일	북한 납치 피해자 5명 귀국
2003년	3월	이라크전쟁 개전
2004년	4월	경찰청 외사정보부 발족
	5월 22일	제2차 일북 정상회담
	11월 9일	제3차 일북 실무자 협의
2005년	10월 20일	「사베리예프」 사건에서 러시아 공작원을 서류 송치
2011년	3월 11일	동일본 대지진
2012년	5월 31일	「리슌코」 사건으로 중국 공작원을 서류 송치
2013년	12월 4일	국가안전보장회의 창설
2014년	1월 7일	국가안전보장국 발족
	12월 10일	특정비밀보호법 시행
2022년	2월 24일	러시아에 의한 우크라이나 군사침공 개시
	7월 8일	「아베」 전 총리 총격 사건

저자 「기타무라 시게루」

전 국가안전보장국장

1956년 12월 27일 출생, 도쿄도 출신

도쿄대 법학부 졸업

1980년 4월 경찰청 입청

1983년 6월 프랑스 국립행정학교(ENA) 유학

1992년 2월 주프랑스대사관 1등서기관

이후, 경비국 외사정보부 외사과장/총리 비서관(제1차 「아베」 내각)/

경비국 외사정보부장 등 역임

2011년 12월 「노다」 내각에서 내각정보관 취임. 제2차~제4차 「아베」

내각에서 유임. 특정비밀보호법 제정·시행

2019년 9월 제4차 「아베」 내각 개편 시 국가안전보장국장·내각 특별

고문에 취임. 국가안전보장국에 경제반 발족, 경제안전보장 정책 추진

2020년 9월 「스가」 내각에서 유임

2020년 12월 미국 정부로부터 국방부 특별공로훈장 수상

2021년 7월 퇴임

2022년 1월 호주 정부로부터 '호주 정보 공로장' 수상

2022년 6월 프랑스 정부로부터 '레지옹 도뇌르 오피시에' 수상

현 『기타무라 이코노믹 시큐리티』 대표

역자 정지운

정책학 박사

한국국가정보학회 정회원·한국일본학회 정회원

전 주일본 대한민국대사관 공사

해설자 배정석

성균관대학교 국가전략대학원 겸임교수

국제정보사학회(IIHA) 정회원

한국국가정보학회 정회원

일본의 스파이 전쟁

초판발행	2024년 10월 13일
중판발행	2024년 12월 10일

지은이	기타무라 시게루(北村 滋)
옮긴이	정지운
해설자	배정석
펴낸이	안종만·안상준

편 집	박세연
기획/마케팅	장규식
표지디자인	BEN STORY
제 작	고철민·김원표

펴낸곳	(주)**박영사**
	서울특별시 금천구 가산디지털2로 53, 210호(가산동, 한라시그마밸리)
	등록 1959.3.11. 제300-1959-1호(倫)
전 화	02)733-6771
f a x	02)736-4818
e-mail	pys@pybook.co.kr
homepage	www.pybook.co.kr
ISBN	979-11-303-2124-0 93390

정 가	18,000원